EQUAÇÕES DIFERENCIAIS ORDINÁRIAS: MÉTODOS DE RESOLUÇÃO E APLICAÇÕES

O selo DIALÓGICA da Editora InterSaberes faz referência às publicações que privilegiam uma linguagem na qual o autor dialoga com o leitor por meio de recursos textuais e visuais, o que torna o conteúdo muito mais dinâmico. São livros que criam um ambiente de interação com o leitor – seu universo cultural, social e de elaboração de conhecimentos –, possibilitando um real processo de interlocução para que a comunicação se efetive.

EQUAÇÕES DIFERENCIAIS ORDINÁRIAS: MÉTODOS DE RESOLUÇÃO E APLICAÇÕES

Rafael Lima Oliveira

Rua Clara Vendramin, 58 – Mossunguê
CEP 81200-170 – Curitiba – PR – Brasil
Fone: (41) 2106-4170
www.intersaberes.com
editora@editoraintersaberes.com.br

Conselho editorial
Dr. Ivo José Both (presidente)
Drª Elena Godoy
Dr. Neri dos Santos
Dr. Ulf Gregor Baranow

Editora-chefe
Lindsay Azambuja

Supervisora editorial
Ariadne Nunes Wenger

Analista editorial
Ariel Martins

Preparação de originais
Ana Maria Ziccardi

Edição de texto
Arte e Texto Edição e Revisão de Textos
Floresval Nunes Moreira Junior

Capa
Iná Trigo

Projeto gráfico
Sílvio Gabriel Spannenberg

Adaptação do projeto gráfico
Kátia Priscila Irokawa

Diagramação
Sincronia Design

Equipe de *design*
Iná Trigo
Mayra Yoshizawa

Iconografia
Sandra Lopis Silveira
Regina Claudia Cruz Prestes

Dados Internacionais de Catalogação na Publicação (CIP)
(Câmara Brasileira do Livro, SP, Brasil)

Oliveira, Rafael Lima
 Equações diferenciais ordinárias: métodos de resolução e aplicações/Rafael Lima Oliveira. Curitiba: InterSaberes, 2019.

 Bibliografia.
 ISBN 978-85-227-0056-1

1. Álgebra linear 2. Equações diferenciais I. Título.

19-26492   CDD-515.35

Índices para catálogo sistemático:
1. Equações diferenciais: Matemática   515.35

Cibele Maria Dias – Bibliotecária – CRB-8/9427

1ª edição, 2019.
Foi feito o depósito legal.

Informamos que é de inteira responsabilidade do autor a emissão de conceitos.
Nenhuma parte desta publicação poderá ser reproduzida por qualquer meio ou forma sem a prévia autorização da Editora InterSaberes.
A violação dos direitos autorais é crime estabelecido na Lei n. 9.610/1998 e punido pelo art. 184 do Código Penal.

Sumário

9 *Apresentação*

10 *Organização didático-pedagógica*

15 *Introdução*

17 **Capítulo 1 – Introdução ao estudo de equações diferenciais ordinárias**
17 1.1 Conceitos e terminologias
21 1.2 Problemas de valor inicial

31 **Capítulo 2 – Equações diferenciais ordinárias de primeira ordem**
31 2.1 Resolução de EDO de primeira ordem por integração direta
32 2.2 EDO de primeira ordem de variáveis separáveis
36 2.3 Equações de primeira ordem homogêneas
37 2.4 Equações exatas
42 2.5 Fator integrante para equações exatas
43 2.6 Equações lineares de primeira ordem
50 2.7 Método de Euler
54 2.8 Comentários sobre existência e unicidade

63 **Capítulo 3 – Equações diferenciais lineares de segunda ordem**
63 3.1 Estrutura das equações diferenciais lineares de ordem n
68 3.2 Equações homogêneas com coeficientes constantes
71 3.3 Equações não homogêneas de segunda ordem
85 3.4 Alguns comentários sobre vibrações

95 **Capítulo 4 – Resolução de equações diferenciais via séries de potências**
95 **4.1** Revisão de séries de potências
99 4.2 Soluções em série de potência de equações diferenciais de primeira ordem
102 4.3 Soluções em série de potência de equações diferenciais de segunda ordem perto de um ponto ordinário
109 4.4 Soluções em torno de pontos singulares

Capítulo 5 – Transformada de Laplace

- 127   5.1 Integrais impróprias
- 129   5.2 Transformada de Laplace
- 134   5.3 Transformada inversa de Laplace
- 137   5.4 Transformada da função degrau
- 142   5.5 Função delta de Dirac
- 145   5.6 Convolução

Capítulo 6 – Sistemas de equações diferenciais lineares

- 153   6.1 Motivação
- 153   6.2 Breve revisão sobre sistemas de equações lineares
- 157   6.3 Sistemas de equações diferenciais de primeira ordem
- 159   6.4 Sistemas de equações lineares homogêneo com coeficientes constantes

173   *Considerações finais*

174   *Referências*

175   *Bibliografia comentada*

177   *Respostas*

184   *Sobre o autor*

Aos meus pais, Sérgio e Vera,
pelo amor e incentivo.

Apresentação

Sobre equações diferenciais ordinárias: é possível tratarmos desse tema sob duas óticas. A primeira, uma análise mais teórica, preocupando-nos mais em formalizar os conceitos por meio de lemas, proposições e teoremas, cujo teor matemático é mais custoso. Geralmente, esses conceitos são tratados em cursos mais avançados. A segunda, importando-nos com métodos de resolução de equações diferenciais, já utilizando resultados de existência, porém aplicando tais resultados do que, efetivamente, prová-los.

Neste livro, a abordagem assumida foi a de balancear entre esses dois enfoques, buscando, de forma mais direta, desenvolver um método e, em seguida, aplicá-los na resolução de equações cujo método funcione. A proposta é oferecer, objetivamente, noções sobre cada tema, sempre com o devido cuidado aos detalhes principais.

No modo em que foi construído, este livro destina-se a estudantes de um primeiro curso de equações diferenciais ordinárias, cujo interesse é estudar métodos de resolução de equações.

Iniciamos definindo o que é uma equação diferencial ordinária, apresentando conceitos de ordem, linearidade e algumas aplicações para, em seguida, enfocarmos nas equações diferenciais de primeira ordem, com o desenvolvimento de algumas técnicas de resolução dessas equações, como integração direta, variáveis separáveis, equações exatas e fator integrante.

Prosseguimos com a conceituação da estrutura de equações de ordem n e de como resolver equações homogêneas de segunda ordem com coeficientes constantes. Além disso, abordamos algumas técnicas para equações não homogêneas, como o método dos coeficientes a determinar e variação dos parâmetros.

Depois, tratamos da resolução de equações diferenciais via séries de potências, com o objetivo de apresentar a metodologia utilizada para encontrar soluções das equações, seja de primeira, seja de segunda ordem, sobre algumas hipóteses aos coeficientes, e utilizar os teoremas de existência enunciados.

Na sequência, concentramo-nos em desenvolver a teoria da transformada de Laplace. Aqui, apresentamos as principais propriedades, que, inclusive, serão propostas com o intuito de serem utilizadas posteriormente para encontrar soluções de equações diferenciais, isto é, via transformada de Laplace.

Finalmente, iniciaremos a discussão de como tratar mais de uma equação diferencial ao mesmo tempo, ou seja, apresentaremos o conceito de sistemas de equações diferenciais.

Bons estudos!

Esta seção tem a finalidade de apresentar os recursos de aprendizagem utilizados no decorrer da obra, de modo a evidenciar os aspectos didático-pedagógicos que nortearam o planejamento do material e como o aluno/leitor pode tirar o melhor proveito dos conteúdos para seu aprendizado.

Introdução do capítulo
Logo na abertura do capítulo, você é informado a respeito dos conteúdos que nele serão abordados, bem como dos objetivos que o autor pretende alcançar.

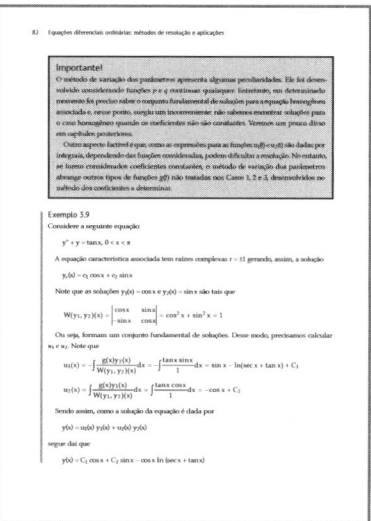

Importante!
Algumas das informações mais importantes da obra aparecem nestes boxes. Aproveite para fazer sua própria reflexão sobre os conteúdos apresentados.

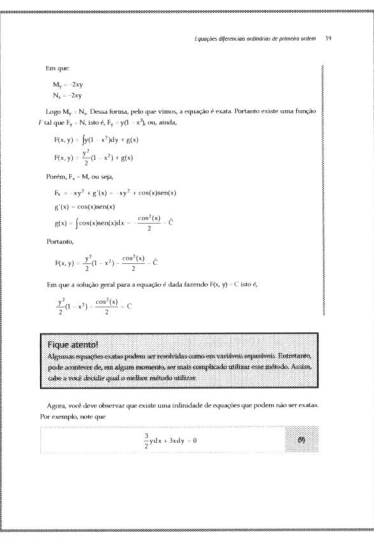

Fique atento!
Nessa seção, o autor disponibiliza informações complementares referentes aos temas tratados nos capítulos.

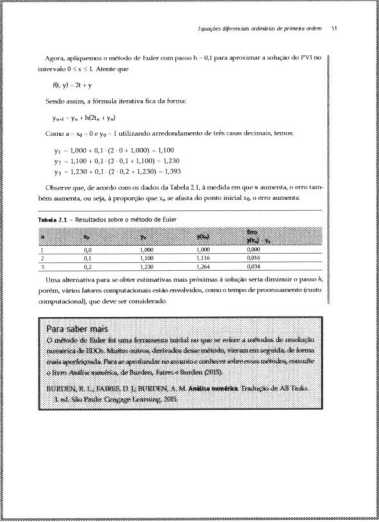

Para saber mais
Você pode consultar as obras indicadas nesta seção para aprofundar sua aprendizagem.

Síntese

Você conta, nesta seção, com um recurso que o instigará a fazer uma reflexão sobre os conteúdos estudados, de modo a contribuir para que as conclusões a que você chegou sejam reafirmadas ou redefinidas.

Atividades de autoavaliação

Com essas questões objetivas, você tem a oportunidade de verificar o grau de assimilação dos conceitos examinados, motivando-se a progredir em seus estudos e a se preparar para outras atividades avaliativas.

Atividades de aprendizagem

Aqui, você dispõe de questões cujo objetivo é levá-lo a analisar criticamente determinado assunto e aproximar conhecimentos teóricos e práticos.

Bibliografia comentada

Nesta seção, você encontra comentários acerca de algumas obras de referência para o estudo dos temas examinados.

Introdução

O estudo de equações diferenciais é bastante amplo tanto na matemática pura quanto na matemática aplicada. Em razão de suas notáveis aplicações em áreas como medicina, engenharia, biologia, entre outras, via modelagem de fenômenos nessas áreas, as equações diferenciais tornaram-se um conceito essencial a ser estudado. Em matemática pura, geralmente existe a preocupação de modelar um fenômeno por meio de equações diferenciais e, em seguida, buscar condições que garantam a existência de soluções para ele; caso existam, realiza-se o estudo para buscar condições sobre a unicidade delas. Garantidas essas duas propriedades, conceitua-se esse problema como *bem-posto*. Em matemática aplicada, tendo em vista problemas bem-postos, é possível trabalhar com simulações sobre o que pode acontecer com a solução dessa possível equação, como em sistemas de vibrações de vigas, que podem ser modeladas por equações diferenciais; algumas condições sobre modos de vibração e frequências só podem ser obtidas computacionalmente, portanto, o estudos desse tipo é essencial.

Evidentemente, o estudo de equações diferenciais vai muito além dos exemplos apresentados até aqui. Questões da mesma natureza, utilizadas por profissionais da matemática pura e aplicada, são estudadas em cursos avançados, mas, como sabemos, tudo começa em conceitos básicos, e são esses, desde o início, que iremos apresentar no decorrer desta obra.

Os conteúdos abordados aqui foram escolhidos com base no que a literatura sugere sobre a sequência e os principais tópicos a serem vistos num primeiro curso de equações diferenciais, como Boyce e Diprima (2010), Penney e Edwards (1995) e Zill e Cullen (2016). Além disso, alguns conhecimentos prévios são importantes.

Para os Capítulos 1, 2 e 3, os conceitos de derivadas e integrais podem ser consultados em Guidorizzi (2001), Leithold (1994) e Stewart (2013). Para o Capítulo 4, conceitos de séries de potências podem ser consultados em Lima (2013). O Capitulo 5, sobre transformada de Laplace, exige o conhecimento sobre o conceito de integral imprópria, que pode ser visto em Guidorizzi (2001). No Capítulo 6, é desejável um conhecimento prévio sobre operações com matrizes, entre alguns outros conceitos básicos de álgebra linear, que pode ser estudado em Coelho e Lourenço (2005).

Neste capítulo, você conhecerá os conceitos e as terminologias iniciais sobre equações diferenciais ordinárias (EDO). Abordaremos, a definição de *ordem, homogeneidade, linearidade* e *solução* de uma EDO, sempre apresentando exemplos que ajudarão no entendimento inicial dessa importante disciplina, além de tratarmos de algumas de suas várias aplicações na ciência em geral. O principal objetivo é situar você, leitor, nessa nova teoria, criando base e motivação para o entendimento dos capítulos subsequentes.

1

Introdução ao estudo de equações diferenciais ordinárias

1.1 Conceitos e terminologias

O que é uma equação diferencial?

Uma *equação diferencial* (ED) é uma expressão matemática envolvendo uma igualdade, uma função incógnita (variável dependente) e suas derivadas, sendo essa função dependente de uma, duas ou mais variáveis independentes.

Observe os exemplos a seguir:

I. $xu_x(x, y) + yu_y(x, y) = 0$.

II. $y'(t) = ty^2$.

III. $\dfrac{d^2 h(x, t, z)}{dt^2} + \dfrac{\partial^2 h(x, t, z)}{\partial x^2} + \dfrac{\partial h(x, t, z)}{\partial z} = \sin x$.

IV. $y''(t) = 0$.

Veja que, na equação I, temos uma igualdade e uma função incógnita u dependendo de duas variáveis independentes (x e y) e uma relação dependendo de suas derivadas (u_x e u_y).

Na equação II e na IV, temos igualdades, funções incógnitas y, ambas dependendo de uma variável independente t e uma relação, sendo que a equação II tem derivada y' e a IV tem derivadas y'' e y' envolvidas.

Na equação III, temos também uma igualdade e uma função incógnita h dependendo, dessa vez, de três variáveis independentes (x, t e z) e uma relação envolvendo as derivadas parciais da função incógnita.

No contexto das equações diferenciais, elas se dividem, basicamente, em duas classes: **equações diferenciais ordinárias** e **equações diferenciais parciais**. Além das características apresentadas na definição de ED, a diferença entre elas está relacionada a quantas são as variáveis independentes de que a função incógnita depende. Assim:

> **Equações diferenciais ordinárias (EDO)**: dependem apenas de uma variável independente.
> **Equações diferenciais parciais (EDP)**: depende de duas ou mais variáveis independentes.

Desse modo, com suporte dessas definições, podemos classificar as equações dos exemplos I e III como EDP e a equação II e a IV como EDO.

Atente para o fato de que, como vamos trabalhar somente no contexto das equações diferenciais ordinárias, no que segue, sempre que nos referirmos a *equações diferenciais*, estaremos considerando uma EDO, salvo menção ao contrário. Se você deseja saber mais sobre o outro tipo de equação (EDP), veja, na seção Bibliografia comentada, sobre Iório Jr. e Iório (2013).

Agora, vamos supor que tenhamos uma equação diferencial ordinária com incógnita u, inicialmente, dependendo de uma variável independente (claro que apenas uma, pois, caso contrário, não seria uma EDO), digamos t. De modo geral, ela pode ser apresentada por:

$$A_n(t, u)u^n(t) + A_{n-1}(t, u)u^{n-1}(t) + \cdots + A_0(t, u)u^0(t) = F(t, u), \tag{1}$$

em que $A_k(t, u)$, $k = 0, 1, \ldots, n$ são funções que dependem de t e u.

Além disso, o "expoente" que acompanha a função incógnita u significa a ordem da derivada.

Sendo assim, a partir da definição geral de uma EDO, dada na equação (1), vamos dar nomes às demais características que elas apresentam.

Ordem de uma equação diferencial: Da equação (1), o número n (expoente de maior ordem da derivada) é a **ordem** da EDO. Note que a equação apresentada em II é de primeira ordem e em IV é de segunda ordem.

Homogeneidade: Se em (1), $F(t, u) = 0$, a equação diferencial é dita *homogênea*, e *não homogênea* em caso contrário. Note que a equação II é não homogênea, enquanto a IV é homogênea.

Linearidade: Considerando os coeficientes $A_n(t, u)$ e a função $F(t, u)$, caso dependa somente da variável independente t, isto é, $A_n(t, u) = A_n(t)$ e $F(t, u) = F(t)$, e, além disso, a variável dependente e suas derivadas são de primeiro grau, sem composições com outras funções, estas são ditas EDOs *lineares*. Caso contrário, ou seja, se deixam de cumprir alguma dessas condições, são ditas *não lineares*. Note que a equação II é não linear, pois apresenta a variável dependente y (função incógnita) elevada ao quadrado; já a equação IV é linear, pois cumpre todos os requisitos citados na definição anterior.

Soluções: na equação (1), se existe uma função que satisfaça a igualdade, ela é dita *solução da equação*. Tomemos como exemplo a equação IV. A função que satisfaz essa equação é dada por $y(t) = c_1 t + c_2$, em que $c_1, c_2 \in \mathbb{R}$. Para conferir isso, basta derivar duas vezes essa função que teremos $y'' = 0$. Desse modo, diremos que ela é solução da EDO.

No decorrer do livro, utilizaremos $y = y(t)$, porém poderemos utilizar também $x = x(t)$, $z = z(x)$, dentre outras, tanto para denotar função incógnita (variável dependente) quanto para denotar variável independente. Ainda, para a notação utilizada em (1), é possível ter as seguintes variações para denotar as derivadas das funções:

$$y = y^0; \quad \frac{dy}{dt} = y' = y^1; \quad \frac{d^2 y}{dt^2} = y'' = y^2; \quad \ldots; \quad \frac{d^n y}{dt^n} = y^n.$$

Para exemplificar os conceitos definidos anteriormente, como os de ordem, equação homogênea, não homogênea, lineares e não lineares, observe alguns exemplos a seguir.

Exemplo 1.1

Considere a equação y' = y. Note que, agora, a função incógnita é y. Inicialmente, podemos classificá-la como uma EDO de primeira ordem, pois a ordem da maior derivada é um. Ainda, visto que ela pode ser reescrita como y' − y = 0, seguirá que é uma EDO homogênea, pois, conforme a definição na equação geral (1), a função F(t, u) = 0.

Para falar de solução, considere a equação de primeiro grau 2x + 1 = 3. No que se refere à solução de uma equação, nesse caso, devemos pensar num número que possa satisfazer essa equação. Note que x = 1 satisfaz essa equação, logo, é solução. Para a EDO classificada anteriormente (y' − y = 0), uma solução dessa equação é uma função que, ao calcular a derivada, resulta nela mesma. Nesse caso, basta pensar na função y(t) = e^t: ela satisfaz a equação, logo, é solução. Entretanto, para equações mais complexas, observar a equação e pensar numa solução não é fácil. Vejamos outro exemplo.

Exemplo 1.2

Dada a equação diferencial $x^2 y' + xy = 1$, qual seria sua solução? Apenas olhando, é um tanto difícil pensar em funções que a satisfaçam. Posteriormente iremos conseguir resolver equações desse tipo; por enquanto, vamos verificar qual das seguintes funções satisfaz a equação: $f(x) = \dfrac{2\ln x}{x}$ ou $g(x) = \dfrac{1}{x} + \dfrac{\ln x}{x}$?

Note que, substituindo cada função na equação proposta, segue que:

$$\frac{x^2 df(x)}{dx} + xf(x) = 2x^2\left(\frac{1-\ln x}{x^2}\right) + \frac{2x\ln x}{x} = 2(1-\ln x) + 2\ln x = 2 \neq 1,$$

ou seja, não satisfaz a equação. Porém, como $\dfrac{dg(x)}{dx} = -\dfrac{\ln x}{x^2}$, segue que

$$\frac{x^2 dg(x)}{dx} + xg(x) = x^2\left(-\frac{\ln x}{x^2}\right) + x\left(\frac{1}{x} + \frac{\ln x}{x}\right) = -\ln x + 1 + \ln x = 1,$$

ou seja, satisfaz a equação.

Como você deve ter percebido, obter soluções de uma EDO não é uma tarefa fácil sem que haja em mãos maneiras de fazer isso. Portanto, é imprescindível que sejam desenvolvidas técnicas para obtê-las. Mais à frente, você conhecerá essas técnicas; por enquanto, descubra algumas situações que são modeladas por equações diferenciais e, em seguida, faremos sua classificação.

Exemplo 1.3

Lei de resfriamento de Newton: essa lei diz que a taxa de variação temporal da temperatura de um corpo, que vamos denotar por T (variável dependente, ou função incógnita), é proporcional à diferença entre a temperatura T do corpo e a temperatura do ambiente que denotaremos por L.

Dessa forma, matematicamente, essa lei nos diz que:

$$\frac{dT}{dt} = a(L - T), \qquad (2)$$

em que a denota a constante positiva de proporcionalidade. Como você ainda não sabe resolver esse tipo de equação, isto é, não sabe explicitar qual a função $T(t)$ que satisfaz a equação (2) num dado instante t (variável independente), podemos apenas analisar qual o seu comportamento. Note que, se $L > T$, teremos por (2), $\frac{dT}{dt} > 0$, ou seja, a temperatura $T(t)$ cresce, enquanto, caso $L < T$, teremos $\frac{dT}{dt} < 0$, que significa $T(t)$ decrescente. Atente que essas informações, realmente, fazem sentido fisicamente.

Exemplo 1.4

Crescimento populacional: um modelo envolvendo crescimento populacional (de alguma cultura) é quando, suponhamos, a taxa de variação temporal da população, que denotaremos por y (variável dependente), é proporcional à população presente no instante t (variável independente). Matematicamente, isso nos diz que:

$$\frac{dy}{dt} = ky, \qquad (3)$$

em que k é a constante positiva de proporcionalidade.

Exemplo 1.5

Cargas elétricas armazenadas em um capacitor: considere um circuito elétrico fechado, munido de certa fonte de energia, ao qual denotaremos por $E(t)$, uma resistência denotada por $\mathbb{R}$, um indutor denotado por L e um capacitor, com C denotando a capacitância do circuito. Tem-se que o acúmulo de cargas elétricas num capacitor, que denotaremos por c (variável dependente), em cada instante t (variável independente), é modelado por

$$LC\frac{d^2c(t)}{dt^2} + RC\frac{dc(t)}{dt} + c(t) = E(T), \qquad (4)$$

Sobre a classificação desses exemplos, note que a equação (2) e a (3) são EDOs de primeira ordem. Já em (4), a EDO é de segunda ordem. Em (2), a EDO é não homogênea, visto que, da mesma maneira que foi definida em (1), temos

$$\frac{dT}{dt} + aT = aL,$$

de modo que a função F(t) = aL ≠ 0.

Em (3), temos uma EDO homogênea, pois pode ser reescrita como

$$\frac{dy}{dt} - ky = 0.$$

Em (4), caso E(t) = 0, teremos uma EDO homogênea e, em caso contrário, não homogênea. Sobre a linearidade, (2), (3) e (4) são todos exemplos de EDO linear. Conforme definição, podemos apresentar mais alguns exemplos de EDO não linear:

1. $\frac{d^4y}{dt^4} + \text{sen}(y) = f(t)$: EDO de quarta ordem não homogênea se f(t) ≠ 0, e não linear em vista do termo sen(y) (composição de função envolvendo a função incógnita).

2. $y''' + 4e^{2t}y'' + yy' = 0$: EDO de terceira ordem homogênea e não linear, em vista do termo yy'. Note que $y''' + 4e^{2t}y'' + yy' = 0$ e $y''' + 4e^{2t}y'' = 0$ são lineares.

3. $\left(\frac{d^3y}{dx^3}\right)^3 - 2xy = 2018$: EDO de terceira ordem não homogênea e não linear, em vista do termo $\left(\frac{d^3y}{dx^3}\right)^3$. Note que $\frac{d^3y}{dx^3} - 2xy = 2018$ é linear.

1.2 Problemas de valor inicial

Para introduzir o conceito de problema de valor inicial, vamos pensar na situação apresentada no Exemplo 1.6.

Exemplo 1.6

Um cientista deseja fazer um experimento envolvendo bactérias. Para isso, necessita de 100.000 bactérias, mas tem somente 500 inicialmente. Vamos considerar que a população de bactérias cresce a uma taxa proporcional à população presente. Sabendo-se que, depois de uma hora, a população é três vezes maior com relação à população inicial, vamos determinar a população como função do tempo *t* e, além disso, para qual *t* as bactérias vão atingir a população de 100.000.

Em virtude de o crescimento ser proporcional à população presente, utilizamos o modelo dado em (3), isto é

$$\frac{dy}{dt} = ky.$$

Como ainda não abordamos sobre como obter soluções, vamos, primeiro, verificar se a função $y(t) = Ce^{kt}$ satisfaz a equação. De fato, note $\frac{dy}{dt} = Cke^{kt} = k(Ce^{kt}) = ky$, ou seja, é solução da equação (em breve você saberá resolver esse tipo de equação). Denotando por y_0 a população inicial (já sabemos, pelo problema, que são 500 bactérias) em $t = 0$, podemos montar o seguinte problema:

$$\begin{cases} \dfrac{dy}{dt} = ky \\ y(0) = 500 = y_0 \end{cases} \quad (5)$$

O problema (5) é dito um *problema de valor inicial*. Note que, substituindo $t = 0$ e $y(0) = y_0$ na solução, temos

$$y_0 = Ce^{k0} = C \Rightarrow C = y_0.$$

Após uma hora, a população é o triplo da população original ($y(1) = 3y_0$), assim, substituindo $t = 1$ e $y = 3y_0$ na solução, obtemos:

$$3y_0 = y_0 e^k \Rightarrow k = \ln 3.$$

Portanto, a função solução do problema (5) que descreve a população de bactérias variando com o tempo, é dada por:

$$y(t) = y_0 e^{(\ln 3)t}$$

Agora, para sabermos em quanto tempo a população será de 100.000, substituímos $y(t) = 100.000$ e $y_0 = 500$ na solução e determinamos o tempo t da seguinte maneira:

$$100\,000 = 500 e^{(\ln 3)t}$$
$$200 = e^{(\ln 3)t}$$
$$t = \frac{\ln 200}{\ln 3} = 4{,}8227.$$

Logo, será necessário, aproximadamente, $t = 4{,}8227$ ou seja, cerca de 4 horas e 49 minutos para obter a quantidade de bactérias desejadas.

De um modo geral, um problema de valor inicial de primeira ordem é caracterizado da seguinte forma:

$$\begin{cases} y'(t) = f(t, y(t)) \\ y(t_0) = y_0 \end{cases}$$

Exemplo 1.7

Note que, quando temos uma EDO e vamos buscar solução para ela, ainda não sabemos quando há solução e se essa solução é única. Seguindo nessa linha, considere o problema de valor inicial:

$$\frac{dy}{dt} = 4\sqrt{y}, \ y(0) = 0.$$

Observe que $y_1(t) = 4t^2$ e $y_2(t) = 0$ são soluções da equação (verifique!) e, além disso, ambas satisfazem a condição inicial. Porém, considere a EDO:

$$y' = -\frac{y^2}{x^2}. \tag{6}$$

A solução é $y = y(x) = \dfrac{x}{Cx - 1}$, mas, por enquanto, ainda não vimos como resolver esse tipo de equação. Sendo assim, verifique se essa função satisfaz a equação (6). Uma característica dessa equação em questão é a seguinte: existem infinitas soluções que cumprem a condição inicial $y(0) = 0$ para $C \neq 0$ arbitrário. Porém, se $y(0) = b$, com $b \neq 0$, então, não existe solução, pois, se existisse, seria da forma $y = \dfrac{x}{Cx - 1}$. Assim, resultaria, pela condição inicial, $0 \neq b = y(0) = 0$, isto é, $0 \neq 0$, o que é um absurdo! Portanto, não existe solução. Além disso, para a condição inicial $y(a) = b$, uma vez que a solução é $y = \dfrac{x}{Cx - 1}$ (possível solução), teremos que:

$$b = y(a) = \frac{a}{Ca - 1} \Rightarrow C = \frac{a + b}{ab}$$

Sendo assim, existe uma única solução da forma $y = \dfrac{x}{\left(\dfrac{a + b}{ab}\right)x - 1}$.

Tendo em vista esses exemplos, perceba que são necessárias algumas condições para que se possa garantir existência e unicidade de solução para uma dada equação diferencial. Nesse sentido, enunciaremos o próximo teorema.

Teorema 1.1

Existência e unicidade: suponha que a função real $f(x, y)$ é contínua em algum retângulo no plano xy contendo o ponto (a, b) no seu interior. Dessa maneira, o problema de valor inicial

$$\begin{cases} y'(x) = f(x, y) \\ y(a) = b \end{cases}$$

tem, pelo menos, uma solução em algum intervalo aberto I contendo o ponto $x = a$. Se, além disso, a derivada parcial de f em relação a y é contínua nesse retângulo, segue que a solução é única em algum intervalo I_m que contém o ponto $x = a$.

Demonstração: Figueiredo e Neves (2008).

Sobre os exemplos, observe que, para $y' = 4\sqrt{y}$, temos $f(x,y) = 4\sqrt{y}$ contínua para $y > 0$, mas, $\dfrac{\partial f}{\partial y} = \dfrac{2}{\sqrt{y}}$ é descontínua em $y = 0$ e, consequentemente, em $(0, 0)$. Desse modo, por não satisfazer todas as condições do Teorema 1.1, foi possível que existissem duas soluções.

Para a EDO $y' = -\left(\dfrac{y}{x}\right)^2$, temos $f(x, y) = -\left(\dfrac{y}{x}\right)^2$. Note que, para a condição inicial $y(0) = b$, com $b \neq 0$, não é possível existir solução, pois f não é contínua em $x = 0$ (o qual é garantido pela condição de existência do Teorema 1.1). No entanto, f também não é contínua em $(0, 0)$ e soluções existem e passam por esse ponto. Desse modo, a continuidade da função f é uma condição suficiente para que exista solução, porém não é uma condição necessária.

Síntese

Neste capítulo, você conheceu conceitos iniciais das EDOs. Aprendeu que uma EDO é uma equação que possui uma função incógnita que depende apenas de uma variável independente. Além disso, viu que a ordem de uma EDO é determinada pelo número que é o maior grau da derivada na equação, que uma EDO é homogênea se a função na equação (1), isto é, $F(t, u) = 0$ e, finalmente, que uma EDO linear é aquela que apresenta os coeficientes da função $A_n(t, u)$ e $F(t, u)$ dependentes apenas da variável independente t, e também, que a variável dependente e suas derivadas são de primeiro grau.

Atividades de autoavaliação

1) Julgue as afirmações a seguir e assinale verdadeiro (V) ou falso (F).

( ) A equação $yy' + y'' = e^{-x}$ é de primeira ordem e não linear.

( ) A equação $\left(\dfrac{dy}{dt}\right)^4 + y = 0$ é de primeira ordem, linear e homogênea.

( ) A equação $\dfrac{d^2y}{dx^2} + y = 0$ é de segunda ordem, linear e homogênea.

( ) A equação $y' + \dfrac{dy}{dt} - t^4 = y\dfrac{d^2y}{dt^2}$ é de segunda ordem, não linear e não homogênea.

Agora, assinale a alternativa que corresponde à sequência correta:

a. F, F, V, F.
b. F, V, V, F.
c. V, F, V, F.
d. F, F, V, V.
e. F, F, F, V.

2) Julgue as afirmações a seguir e assinale verdadeiro (V) ou falso (F).

( ) A equação $e^x y' = y$ é linear.
( ) A função $f(x) = Ce^{-e^{-x}}$ é uma solução da EDO anterior.
( ) A equação $y' + xy = e^y$ é linear.
( ) A função $f(x) = x^2$ é solução da equação $\dfrac{dy}{dx} = 2\sqrt{y}$.
( ) A única solução do problema $\dfrac{dy}{dx} = 2\sqrt{y}$ é a função $f(x) = x^2$.

Agora, assinale a alternativa que corresponde à sequência correta:

a. V, V, F, V, F.
b. F, F, V, F, V.
c. F, V, F, F, F.
d. V, F, V, V, V.
e. F, F, F, V, V.

3) O problema de valor inicial

$$\frac{dP}{dt} = 0{,}1P\left(1 - \frac{P}{2\,000}\right), \quad P(0) = 100$$

modela o crescimento de uma determinada população. A solução da equação é dada por $P(t) = \dfrac{2\,000}{1 + 19e^{-0{,}1t}}$. Inicialmente, verifique se a função P(t) satisfaz a equação e a condição inicial. Em seguida, assinale a alternativa correta:

a. Em t = 20, a população é de, aproximadamente, 1.560 indivíduos.
b. A função P(t) solução da EDO se torna negativa para algum t.
c. Em t = 20, a população é de, aproximadamente, 560 indivíduos.
d. A EDO que modela o crescimento dessa população é linear.
e. Independentemente da condição inicial, a solução será sempre a mesma.

4) Verifique, por substituição, se cada uma das funções dadas a seguir é solução da equação:

I. $y' = y + 2e^{-x}; \quad y = e^x - e^{-x}$
II. $y' = -2y; \quad y = 3e^{-2x}$
III. $y' - 3x^2 = 0; \quad y = x^3 + 7$
IV. $\left(\dfrac{dy}{dx}\right)^2 = -(y)^2 + 1; \quad y = \cos(x)$

Agora, assinale a alternativa que corresponde ao resultado:

a. Estão corretas as funções de I e II, sendo III e IV incorretas.
b. Estão corretas as funções de II e III, sendo I e IV incorretas.
c. Nenhuma das funções está correta.
d. Todas as funções estão corretas.
e. Apenas a função de IV está correta.

5) Dada a função $g(x) = e^{rx}$ encontre o valor de $r \in \mathbb{R}$ de modo que seja solução de cada uma das equações a seguir:

I. $y''' + 6y'' - 40y' = 0$
II. $4y'' = y$
III. $3y' = 80y$

A sequência correta dos valores de r que satisfazem as equações nos itens I, II e III, respectivamente, é dada em:

a. $-10, 0 \text{ e } 4; \quad -\dfrac{1}{2} \text{ e } \dfrac{1}{2}; \quad \dfrac{3}{80}$.

b. -10, 0 e 4; $-\dfrac{1}{2}$ e $\dfrac{1}{2}$; $\dfrac{80}{3}$.

c. 0 e 4; $\dfrac{1}{2}$; $\dfrac{3}{80}$.

d. -10 e 4; $\dfrac{1}{2}$; $\dfrac{80}{3}$.

e. 0 e 4; 2; $\dfrac{3}{80}$.

6) Suponha que, em uma determinada cidade, com a população fixa denotada por P pessoas, a taxa de variação temporal do número N de pessoas que escutaram certo boato é proporcional ao número delas que ainda não escutaram esse boato. Com base nessas informações, qual a EDO que modela esse acontecimento, com k denotando a constante de proporcionalidade:

a. $\dfrac{dN}{dt} = k(P - N)$.

b. $\dfrac{dP}{dt} = k(P - N)$.

c. $\dfrac{dN}{dt} = k(N - P)$.

d. $\dfrac{dP}{dt} = k(N - P)$.

e. $\dfrac{dP}{dt} = k(N + P)$.

Atividades de aprendizagem

Questões para reflexão

1) Faça uma pesquisa na internet e produza uma lista com possíveis áreas de aplicações de equações diferenciais ordinárias.

2) Dentre os itens relacionados na Questão 1, provavelmente uma das áreas listada é a biologia. Fenômenos de propagação de doenças, muitas vezes, podem ser modelados via equações

diferenciais ordinárias. Para saber mais, faça uma pesquisa sobre o uso de EDOs na biologia e liste os resultados encontrados.

Atividade aplicada: prática

1) Este capítulo trouxe uma primeira abordagem sobre equações diferenciais ordinárias, pois é importante compreender bem os conceitos iniciais para estar preparado para os capítulos subsequentes. Diante disso, pensando numa primeira aula desse conteúdo para aplicar a seus futuros alunos, como seria o desenvolvimento em sala de aula? Elabore um plano de aula referente a esses assuntos iniciais para uma aula com duração de 50 minutos. Pense em quais seriam as etapas a serem seguidas durante a aula e nos recursos didáticos que podem ser utilizados para esse fim.

Exercícios complementares

1) Relembre os conceitos a seguir:
   a. O que é uma ED?
   b. O que é a ordem de uma EDO?
   c. Como posso identificar uma EDO linear e uma não linear?

2) Relacione as equações à sua respectiva ordem:

   a. $\dfrac{dy}{dt} = 4y^2$

   b. $\left(\dfrac{dy}{dt}\right)^2 = 7x$

   c. $\dfrac{(d^2y)}{(dx^2)} = E(x)$

   d. $x' + a(t)x''' = G(t)$

   ( ) Terceira ordem
   ( ) Primeira ordem
   ( ) Primeira ordem
   ( ) Segunda ordem

3) Dada a EDO $\dfrac{dy}{dt} = t^2 + y^2$, o que se pode dizer sobre o comportamento das soluções dessa equação?

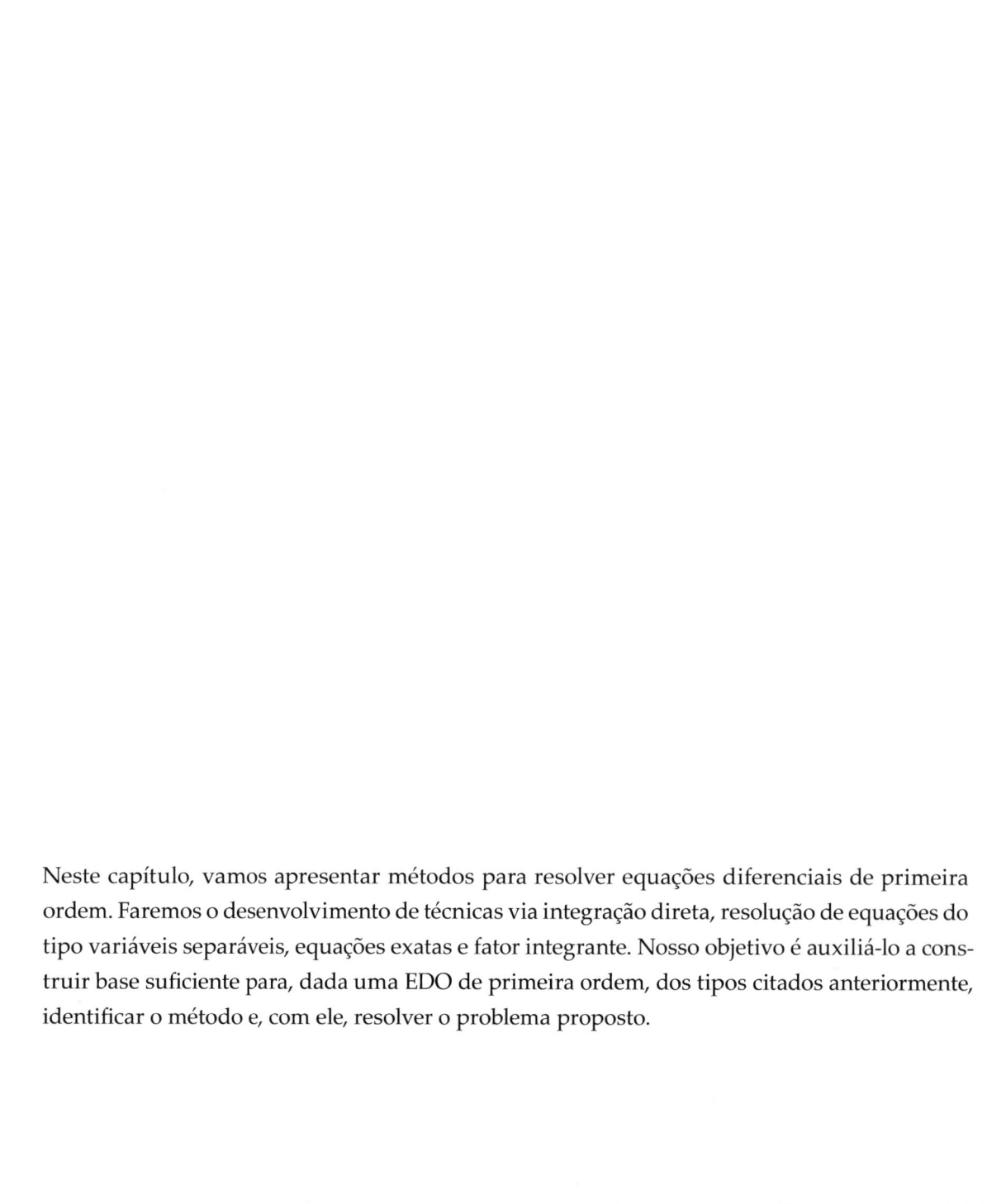

Neste capítulo, vamos apresentar métodos para resolver equações diferenciais de primeira ordem. Faremos o desenvolvimento de técnicas via integração direta, resolução de equações do tipo variáveis separáveis, equações exatas e fator integrante. Nosso objetivo é auxiliá-lo a construir base suficiente para, dada uma EDO de primeira ordem, dos tipos citados anteriormente, identificar o método e, com ele, resolver o problema proposto.

2

Equações diferenciais ordinárias de primeira ordem

2.1 Resolução de EDO de primeira ordem por integração direta

Considere um caso particular da equação (1), apresentada no Capítulo 1, da forma:

$$\frac{dy}{dt} = f(t) \qquad (1)$$

Com f sendo uma função contínua, note que, munidos do teorema fundamental do cálculo, integrando ambos os lados da equação (1), temos:

$$\frac{dy}{dt} = f(t) \Rightarrow dy = f(t)dt \Rightarrow \int dy = \int f(t)dt \Rightarrow y = \int f(t)dt + C$$

Em que C é uma constante. Desse modo, a solução de (1) é dada por $y = \int f(t)dt + C$, sendo a constante C determinada quando a EDO é acompanhada de um valor inicial.

Exemplo 2.1

Resolva a EDO $\frac{dy}{dt} = t^2$, $y(1) = \frac{7}{3}$.

Pondo na fórmula, $f(t) = t^2$, temos:

$$y = \int t^2 dt + C = \frac{t^3}{3} + C_1$$

Em que C_1 engloba as duas constantes, mas não vamos nos preocupar em trocar todo momento a notação para essas constantes.

Como $y(1) = \frac{7}{3}$, temos que:

$$\frac{7}{3} = y(1) = \frac{1^3}{3} + C_1 = \frac{1}{3} + C_1 \Rightarrow C_1 = \frac{7}{3} - \frac{1}{3} = \frac{7-1}{3} = \frac{6}{3} = 2 \Rightarrow C_1 = 2$$

Portanto, a solução é dada por $y(t) = \frac{t^3}{3} + 2$.

2.2 EDO de primeira ordem de variáveis separáveis

Suponhamos, agora, um caso pouco mais abrangente do que o tratado na seção 2.1, isto é, consideremos uma EDO da forma

$$\frac{dy}{dt} = H(t, y)$$

Esse tipo de EDO é dita separável se $H(t, y) = f(t)g(y)$, isto é, o produto de duas funções, em relação a t e y separadamente. Note que, supondo $g(y) \neq 0$, teríamos $\frac{dy}{dt} = 0$, isso implicaria soluções da forma $y = C$, sendo C constante (caso nada interessante para se resolver). Caso similar para $f(t) \neq 0$. Desse modo, fazendo $g(y) = \frac{1}{p(y)}$, segue que:

$$\frac{dy}{dt} = \frac{f(t)}{p(y)} \Rightarrow p(y)dy = f(t)dt \qquad (2)$$

Integrando em ambos os lados de (2), temos:

$$\int p(y)dy = \int f(t)dt + C \qquad (3)$$

Sendo C uma constante. A equação (3) representa y na forma implícita como função de t. Sendo assim, para encontrar a solução, é necessário "apenas" que as antiderivadas $P(y) = \int p(y)dy$ e $F(t) = \int f(t)dt$ possam ser calculadas. Note que, em determinados casos, pode ser um tanto complicado calcular essas antiderivadas, tudo depende da complexidade das funções envolvidas. Observe ainda que, pela regra da cadeia:

$$\frac{d}{dt}(Py(t)) = P'(y(t))y'(t) = p(y)\frac{dy}{dt} = f(t) = \frac{d}{dt}(F(t))$$

Ou seja:

$$\frac{d}{dt}(Py(t)) = \frac{d}{dt}(F(t)) \Rightarrow P(y(t)) = F(t) + C \Rightarrow \int p(y)dy = \int f(t)dt + C$$

Sendo assim, está justificado que as equações (2) e (3) são equivalentes.

Exemplo 2.2

Consideremos a EDO:

$$y' = 2018t y^{\frac{1}{2}}$$

Note que essa equação pode ser escrita na forma:

$$y' = f(t)g(y)$$

em que $f(t) = 2018t$ e $g(y) = y^{\frac{1}{2}}$, isto é, caracteriza uma EDO de variáveis separáveis. Sendo assim, da mesma forma que feito na apresentação do método, temos:

$$y' = 2018t y^{\frac{1}{2}} \Rightarrow y^{-\frac{1}{2}} \frac{dy}{dt} = 2018t$$

Ou ainda, integrando em ambos os lados:

$$\int y^{-\frac{1}{2}} dy = \int 2018t\, dt \Rightarrow \frac{y^{\frac{1}{2}}}{\frac{1}{2}} = \frac{2018t^2}{2} + C \Rightarrow y^{\frac{1}{2}} = \frac{2018t^2}{4} + C = \frac{1009t^2}{2} + C$$

Portanto $y(t) = \left(\frac{1009t^2}{2} + C\right)^2$, em que C é uma constante. Note que, se estivéssemos resolvendo um problema de valor inicial, iríamos conseguir determinar o valor de C. Por exemplo, se a condição inicial fosse $y(0) = 0$, teríamos:

$$0 = y(0) = C \Rightarrow y(t) = \left(\frac{1009t^2}{2}\right)^2$$

Atente ainda que a função constante igual a zero ($y(t) = 0$) também seria solução para o problema com essa condição inicial.

Agora, podemos encontrar soluções dos exemplos que apresentamos anteriormente, como no exemplo 3 do Capítulo 1, em que foi apresentado um modelo de crescimento populacional dado por

$$\frac{dy}{dt} = ky$$

Observe que é uma EDO separável com $f(t) = k$ e $g(y) = y$. Assim:

$$\frac{1}{y} dy = k\, dt \Rightarrow \int \frac{1}{y} dy = \int k\, dt \Rightarrow \ln y = kt + C$$

Aplicando a função exponencial em ambos os lados, temos:

$$e^{\ln y} = e^{kt+C} = e^C e^{kt} = \tilde{C}e^{kt} \Rightarrow y = \tilde{C}e^{kt}$$

Em que $\tilde{C} = e^C$. Note que a solução obtida é a mesma apresentada naquele momento.

No exemplo 1.7, do Capítulo 1, tínhamos o problema $\dfrac{dy}{dt} = 4\sqrt{y}$, $y(0) = 0$. Note que é uma EDO separável, sendo assim:

$$\frac{dy}{dt} = 4\sqrt{y} \Rightarrow y^{-\frac{1}{2}}dy = 4dt \Rightarrow \int y^{-\frac{1}{2}}dy = \int 4dt$$

$$\frac{y^{\frac{1}{2}}}{\frac{1}{2}} = 4t + C \Rightarrow y^{\frac{1}{2}} = 2t + C_1 \Rightarrow y = (2t + C_1)^2$$

Como $y(0) = 0$, segue que $0 = y(0) = C_1^2 \Rightarrow C_1 = 0$, portanto, $y(t) = 4t^2$, como já foi visto naquele momento.

Ainda considerando os exemplos do Capítulo 1, a equação (6) era dada por:

$$y' = -\frac{y^2}{x^2}$$

Note que, fazendo $f(x) = -\dfrac{1}{x^2}$ e $g(y) = y^2$, podemos reescrever a equação da forma $y' = f(x)g(y)$, ou seja, uma EDO separável. Dessa forma:

$$y^{-2}y' = -\frac{1}{x^2} \Rightarrow y^{-2}dy = -x^{-2}dx$$

$$\int y^{-2}dy = \int -x^{-2}dx \Rightarrow \frac{y^{-1}}{-1} = -\left(\frac{x^{-1}}{-1}\right) - C \Rightarrow y^{-1} = -x^{-1} + C$$

$$\frac{1}{y} = -\frac{1}{x} + C = \frac{-1 + Cx}{x} \Rightarrow y = \frac{x}{Cx - 1}$$

Ou seja, a mesma solução apresentada anteriormente.

Exemplo 2.3

Vamos considerar uma situação que se refere à eliminação de alguma substância no sangue. Em diversos casos (estamos pensando em uma situação hipotética neste momento), a quantidade S(t) dessa certa substância na corrente sanguínea, registrada sob a relação ao excesso do que é natural encontrar, diminuirá a uma taxa duplamente proporcional a esse mesmo excesso no instante em que é registrado.

Essa situação pode ser modelada da seguinte forma:

$$\frac{dS}{dt} = -2kS$$

Em que k > 0 é a constante de proporção. Note que o sinal negativo representa o fato de a quantidade estar diminuindo. Observe ainda que essa EDO é do tipo de variáveis separáveis. Assim:

$$\frac{1}{S}ds = -2kdt \Rightarrow \int \frac{1}{S}ds = \int -2kdt \Rightarrow \ln S = -2kt + C \Rightarrow S = \tilde{C}e^{-2kt}$$

Um fato interessante dessa solução é que, se tomarmos um tempo t muito longo, a solução S(t) → 0. Fato que, intuitivamente, faz sentido porque, conforme o tempo passa, a substância presente no sangue tende, naturalmente, a diminuir, pois está sendo liberada, isto é, em algum momento acabará totalmente.

A seguir, o gráfico da solução S(t) ajuda a observar essa questão.

Gráfico 2.1 – Gráfico de S(t)

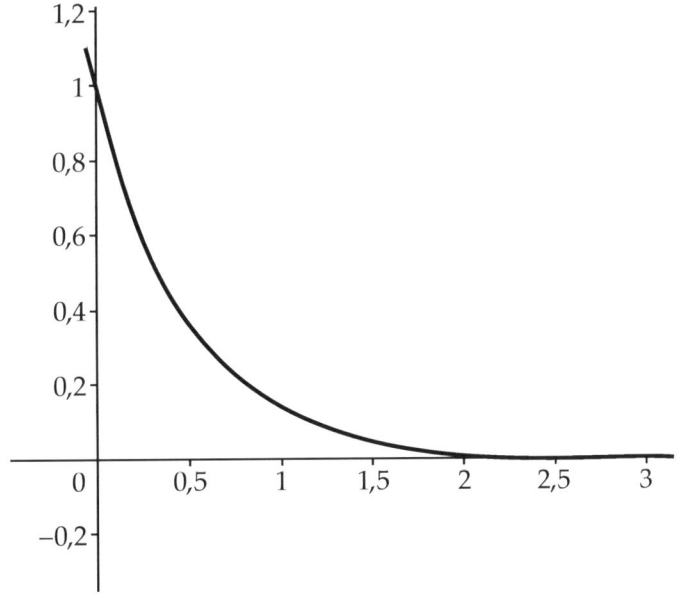

Exemplo 2.4

Considere a seguinte equação:

$$4xy\frac{dy}{dx} = 8x^2 + 3y^2$$

Ela pode ser reescrita na forma:

$$\frac{dy}{dx} = \frac{8x^2 + 3y^2}{4xy} = \frac{2x}{y} + \frac{3y}{4x}$$

Essa forma não caracteriza uma EDO separável. Para resolver equações com formato similar, veja a próxima seção.

2.3 Equações de primeira ordem homogêneas

Uma função $f(x, y)$ é dita *homogênea de grau 1* (ou apenas *homogênea*) se satisfaz $f(tx, ty) = f(x, y)$, para todo t real. Desse modo, as equações diferenciais de primeira ordem da forma $\frac{dy}{dx} = f(x, y)$, com $f(x, y)$ homogênea, são ditas *equações diferenciais de primeira ordem homogêneas*. Além disso, como $f(x, y) = f\left(1, \frac{y}{x}\right) = F(u)$, com $u = \frac{y}{x}$, segue a equação da forma $\frac{dy}{dx} = f(u)$. Para resolvê-la, como $u = \frac{y}{x}$, segue $y = ux$. Também, pela regra do produto para derivadas, temos:

$$\frac{dy}{dx} = u + x\frac{du}{dx} \qquad (4)$$

Logo, $x\frac{du}{dx} = \frac{dy}{dx} - u = F(u) - u$, isto é, $x\frac{du}{dx} = F(u) - u$, de modo que $\frac{1}{(F(u) - u)}du = \frac{1}{x}dx$ é uma EDO separável.

Pelo Exemplo 2.4, tínhamos

$$\frac{dy}{dx} = \frac{8x^2 + 3y^2}{4xy} = \frac{2x}{y} + \frac{3y}{4x} \qquad (5)$$

Fazendo $u = \frac{y}{x}$, teremos $\frac{dy}{dx} = u + x\frac{du}{dx}$, e ainda $\frac{1}{u} = \frac{x}{y}$. Logo, pondo essas informações na equação (5), obtemos:

$$u + x\frac{du}{dx} = \frac{2}{u} + \frac{3}{4}u \Rightarrow x\frac{du}{dx} = \frac{2}{u} - \frac{1}{4}u = \frac{8-u^2}{4u}$$

$$\frac{4u}{8-u^2}du = \frac{1}{x}dx \Rightarrow \int\frac{4u}{8-u^2}du = \int\frac{1}{x}dx$$

Calculando essas integrais, temos:

$$-2\ln(8-u^2) = \ln|x| + \ln C = \ln(Cx) \Rightarrow (8-u^2)^{-2} = Cx \Rightarrow 8-u^2 = \sqrt{\frac{1}{Cx}}$$

Como $u = \frac{y}{x}$, segue que:

$$8 - \left(\frac{y}{x}\right)^2 = \frac{\sqrt{Cx}}{Cx} \Rightarrow \frac{y^2}{x^2} = 8 - \frac{\sqrt{Cx}}{Cx} = \frac{8Cx - \sqrt{Cx}}{Cx}$$

$$y^2 = 8x^2 + Cx^{\frac{3}{2}} \Rightarrow y = \pm\sqrt{8x^2 + Cx^{\frac{3}{2}}}$$

Importante!
Sobre as operações anteriores, todas as vezes em que aparecerem outras constantes, estamos sempre as trocando pela mesma constante C.

2.4 Equações exatas

Até aqui, estudamos equações diferenciais da forma $y' = f(x, y)$. Façamos $M(x, y) = f(x, y)$ e $N(x, y) = -1$. Note que podemos reescrever essa equação da forma:

$$M(x, y) + N(x, y)' = 0$$

Ou ainda:

$$M(x, y) + N(x, y)\frac{dy}{dx} = 0$$

Isso resulta em:

$$M(x, y)dx + N(x, y)dy = 0 \tag{6}$$

A equação (6) é dita sua *forma diferencial*.

Exemplo 2.5

Considere a seguinte equação:

$$\frac{3}{2}y^2 dx + 3xy\, dy = 0$$

Atente que essa equação já está na forma diferencial, como na equação (6). Nessas notações, temos $M(x, y) = \frac{3}{2}y^2$ e $N(x, y) = 3xy$, que, "curiosamente", satisfazem $M(x, y)_y = 3y$ e $N(x, y)_x = 3y$, sendo:

$$M_y = N_x \qquad (7)$$

As discussões acerca desse exemplo são importantes. Veja que, tomando a função $F(x, y) = \frac{3}{2}xy^2$, ela tem a propriedade de que:

$$F_x = \frac{3}{2}y^2 = M;\ F_y = 3xy = N$$

Desse modo, a equação:

$$\frac{3}{2}y^2 dx + 3xy\, dy = 0$$

Pode ser reescrita como:

$$F_x dx + F_y dy = 0 \Rightarrow F_x + F_y \frac{dy}{dx} = 0$$

Ou ainda:

$$\frac{\partial}{\partial x}\big[F(x, y(x))\big] = 0$$

Implicando que a solução da equação é dada por:

$$F(x, y) = C$$

Sendo C uma constante.

Em resumo ao que fizemos nesse exemplo, se existe uma função $F(x, y)$ para a qual a condição $\frac{\partial F}{\partial x} = M$ e $\frac{\partial F}{\partial y} = N$ é satisfeita, a equação $F(x, y) = C$ define de forma implícita uma solução geral para a equação:

$$M(x, y)dx + N(x, y)dx = 0$$

Quando essa propriedade é satisfeita, diremos que essa equação é **exata**. Porém, de uma maneira mais simples, como poderemos caracterizar uma equação exata? Essa resposta pode ser encontrada no próximo teorema.

Teorema 2.1

Considere um retângulo aberto, que denotaremos por R, tendo suas dimensões dada por: $a < x < b$ e $c < y < d$, sendo a, b, c e d reais. Suponha que as funções $M(x, y)$ e $N(x, y)$ sejam contínuas com derivadas parciais de primeira ordem contínuas no retângulo R. Desse modo, a equação diferencial

$$M(x, y)dx + N(x, y)dy = 0$$

é exata no retângulo R se e somente se

$$\frac{\partial M}{\partial y} = \frac{\partial N}{\partial x}$$

em cada ponto de R.

Demonstração: ($\Rightarrow$) Suponha que a equação é exata, ou seja, existe uma função $F(x, y)$ definida no retângulo R de modo que são válidas as condições $F_x = M$ e $F_y = N$. Assim,

$$M_y = F_{xy} = F_{yx} = N_x.$$

Como as derivadas parciais de M e N existem e são contínuas, segue que F_{xy} e F_{yx} são contínuas e, tendo em vista o teorema de Schwarz (Lima, 2014), são iguais, isto é, $M_y = N_x$. Logo, é uma equação exata.

($\Leftarrow$) Devemos, agora, partir do pressuposto de que $\frac{\partial M}{\partial y} = \frac{\partial N}{\partial x}$ e mostrar que a equação é exata, isto é, construir uma função $F(x, y)$ de modo que $F_x = M$ e $F_y = N$. Para isso, como queremos que a função F satisfaça $F_x = M$, começaremos já impondo essa condição sobre ela. Se essa condição for satisfeita, teremos, integrando com relação a x:

$$F(x, y) = \int M(x, y)dx + g(y)$$

Em que a função $g(y)$ faz o papel da "constante" que surge da integração com relação a x. Como queremos que a função F também cumpra a condição $\frac{\partial F}{\partial y} = N$, devemos escolher a função $g(y)$ adequadamente. Note que:

$$N = \frac{\partial F}{\partial y} = \frac{\partial}{\partial y}\left(\int M(x, y)dx + g(y)\right) = \frac{\partial}{\partial y}\left(\int M(x, y)dx\right) + g'(y)$$

Ou seja:

$$g'(y) = N - \frac{\partial}{\partial y}\left(\int M(x, y)dx\right) \quad (8)$$

Compreenda que, se o lado direito da equação (8) for uma função apenas de y, para encontrar a função g, basta integrar com relação a y. Desse modo, vamos mostrar que a derivada do lado direito da equação (8), com relação a x, resulta na constante igual a zero, ou seja, só depende de y. De fato, observe que:

$$\frac{\partial}{\partial x}\left(N(x, y) - \frac{\partial}{\partial y}\left(\int M(x, y)dx\right)\right) = \frac{\partial}{\partial x}N(x, y) - \frac{\partial}{\partial x}\frac{\partial}{\partial y}\left(\int M(x, y)dx\right)$$

$$= \frac{\partial}{\partial x}N(x, y) - \frac{\partial}{\partial y}\left[\frac{\partial}{\partial x}\left(\int M(x, y)dx\right)\right] = \frac{\partial}{\partial x}N(x, y) - \frac{\partial}{\partial y}M(x, y) = 0$$

Isso ocorre porque, por hipótese, $\frac{\partial N}{\partial x} = \frac{\partial M}{\partial y}$.

Sendo assim:

$$g(y) = \int\left[N(x, y) - \frac{\partial}{\partial y}\left(\int M(x, y)dx\right)\right]dy$$

no qual,

$$F(x, y) = \int M(x, y)dx + \int\left[N(x, y) - \frac{\partial}{\partial y}\left(\int M(x, y)dx\right)\right]dy$$

é a função procurada que satisfaz $F_x = M$ e $F_y = N$.

Exemplo 2.6

Resolva a seguinte EDO:

$$\frac{dy}{dx} = \frac{xy^2 - \cos(x)\text{sen}(x)}{y(1 - x^2)}$$

Você pode reescrever essa equação da forma:

$$y(1 - x^2)dy - (xy^2 - \cos(x)\text{sen}(x))dx = 0$$

Portanto,

$M(x, y) = -xy^2 + \cos(x)\text{sen}(x)$
$N(x, y) = y(1 - x^2)$

Em que:

$M_y = -2xy$

$N_x = -2xy$

Logo $M_y = N_x$. Dessa forma, pelo que vimos, a equação é exata. Portanto existe uma função F tal que $F_y = N$, isto é, $F_y = y(1 - x^2)$, ou, ainda,

$$F(x, y) = \int y(1 - x^2)dy + g(x)$$

$$F(x, y) = \frac{y^2}{2}(1 - x^2) + g(x)$$

Porém, $F_x = M$, ou seja,

$$F_x = -xy^2 + g'(x) = -xy^2 + \cos(x)\text{sen}(x)$$

$$g'(x) = \cos(x)\text{sen}(x)$$

$$g(x) = \int \cos(x)\text{sen}(x)dx = -\frac{\cos^2(x)}{2} - \tilde{C}$$

Portanto,

$$F(x, y) = \frac{y^2}{2}(1 - x^2) - \frac{\cos^2(x)}{2} - \tilde{C}$$

Em que a solução geral para a equação é dada fazendo $F(x, y) = C$ isto é,

$$\frac{y^2}{2}(1 - x^2) - \frac{\cos^2(x)}{2} = C$$

Fique atento!
Algumas equações exatas podem ser resolvidas como em variáveis separáveis. Entretanto, pode acontecer de, em algum momento, ser mais complicado utilizar esse método. Assim, cabe a você decidir qual o melhor método utilizar.

Agora, você deve observar que existe uma infinidade de equações que podem não ser exatas. Por exemplo, note que

$$\frac{3}{2}ydx + 3xdy = 0 \qquad (9)$$

tem em notações atuais $M = \frac{3}{2}y \Rightarrow M_y = \frac{3}{2}$ e $N = 3x \Rightarrow N_x = 3$, no qual resulta

$$M_y = \frac{3}{2} \neq 3 = N_x$$

Ou seja, $M_y \neq N_x$ logo, a equação não é exata. Entretanto, se multiplicarmos a equação (9) por uma função $P(x, y) = y$, teremos a mesma equação apresentada no exemplo (5), que já vimos ser uma equação exata. Desse modo, naturalmente, surge uma questão: Como é possível tornar uma equação que não é exata em uma equação exata? Trataremos dessa questão na próxima seção.

2.5 Fator integrante para equações exatas

Como já dissemos anteriormente, dado uma equação que não é exata, é possível torná-la exata (em geral, veremos que essa tarefa não é tão simples). Esse processo, basicamente, desenvolve-se em encontrar uma função $P(x, y)$ a que chamaremos de *fator integrante*, de modo que, ao multiplicar esse fator pela equação, ela se torna exata. Em geral, teremos o seguinte:

Dada uma equação

$$M(x, y)dx + N(x, y)dy = 0$$

que, a princípio, não é exata, queremos encontrar uma função $P(x, y)$ que, ao multiplicar a equação, isto é,

$$P(x, y)M(x, y)dx + P(x, y)N(x, y)dy = 0$$

se torne exata, isto é,

$$\frac{\partial}{\partial y}(PM) = \frac{\partial}{\partial x}(PN)$$

ou, ainda, pela regra do produto para derivadas:

$P_y M + P M_y = P_x N + P N_x$
$P_y M - P_x N = P N_x - P M_y$
$P_y N - P_y M = (M_y - N_x)P$

Portanto:

$$P = \frac{P_x N - P_y M}{(M_y - N_x)} \quad (10)$$

Embora a equação (10) mostre uma forma para a função $P(x, y)$, não é nada simples resolver essa equação. Se você notar, ela é uma equação diferencial que envolve duas variáveis independentes (x e y), ou seja, é uma EDP (equação diferencial parcial), cuja resolução foge à nossa proposta.

Para aprofundar essa questão, consulte, na seção Bibliografia comentada, Iório Jr. e Iório (2013). No entanto, apenas para levar um pouco mais adiante nossa discussão acerca desse assunto – atente que já chegamos a um primeiro problema para encontrar esse fator integrante –, vamos considerar que P dependa apenas de uma variável independente. Suponha que dependa apenas de y, assim, na equação (10) segue que $P_x = 0$ (caso contrário, se depender de x, teremos $P_y = 0$). Sendo assim:

$$P = \frac{-P_y M}{M_y - N_x} \Rightarrow \frac{dP}{dy} = \left(\frac{M_y - N_x}{-M}\right)P = \left(\frac{N_x - M_y}{M}\right)P \Rightarrow \frac{dP}{dy} = \left(\frac{N_x - M_y}{M}\right)P \qquad (11)$$

Porém, problemas ainda podem aparecer porque $\left(\frac{N_x - M_y}{M}\right)$ pode depender de x e y, o que causará dificuldades no momento da resolução. Caso só dependa de x, pode ser resolvida, por exemplo, utilizando variáveis separáveis.

Exemplo 2.7
Tendo em vista a equação apresentada anteriormente:

$$\frac{3}{2}y\,dx + 3x\,dy = 0$$

a qual já sabemos que não é exata, e considerando a fórmula exibida na equação (11), temos que

$$M = \frac{3}{2}y \Rightarrow M_y = \frac{3}{2}$$

$$N = 3x \Rightarrow N_x = 3$$

Assim:

$$\frac{dP}{dy} = \left(\frac{N_x - M_y}{M}\right)P = \left(\frac{3 - \frac{3}{2}}{\frac{3}{2}y}\right)P = \frac{1}{y}P \Rightarrow \frac{1}{P}dP = \frac{1}{y}dy \Rightarrow P = Cy$$

Em que C é uma constante. Note que, para $C = 1$ em particular, temos o fator integrante que apresentamos anteriormente, o qual tornava a equação exata (na verdade, para qualquer constante C real, torna a equação exata).

2.6 Equações lineares de primeira ordem
Nesta seção, apresentaremos o método de como resolver equações da forma:

$$A_1(t)y' + A_0(t)y = F(t) \qquad (12)$$

Veja a diferença entre a equação (12) e a equação (1), apresentada no primeiro capítulo. Aqui, é chamada de *equações lineares de primeira ordem*, em que as funções $A_1(t)$, $A_0(t)$ e $F(t)$ estão definidas em um intervalo que denotaremos por I. Impondo que $A_1(t) \neq 0$ em I (caso não fosse, não teríamos uma EDO de primeira ordem em todo I) e dividindo a equação (12) por essa função, teremos

$$y' + G(t)y = H(t) \qquad (13)$$

Em que as novas funções são dadas por $G(t) = \dfrac{A_0(t)}{A_1(t)}$ e $H(t) = \dfrac{F(t)}{A_1(t)}$ definidas em I. Queremos encontrar a função y solução de (13), sendo assim, procederemos da seguinte maneira: tomaremos uma função $P(t)$ e a multiplicaremos pela equação (13), isto é:

$$P(t)y' + P(t)G(t)y = P(t)H(t) \qquad (14)$$

Observe que o lado esquerdo da equação (14) pode ser reescrito da seguinte forma:

$$\frac{d}{dt}\big[P(t)y\big] = \frac{dP(t)}{dt}y + P(t)\frac{dy}{dt}$$

desde que tenhamos

$$\frac{dP(t)}{dt} = P(t)G(t) \qquad (15)$$

Resolvendo a equação (15), temos que:

$$\frac{1}{P}dP = G(t)dt \Rightarrow \int \frac{1}{P}dP = \int G(t)dt + k$$

Buscando uma forma mais simples para a função $P(t)$, tomemos $k = 0$, logo

$$P(t) = e^{\int G(t)dt}$$

Em que a função $P(t)$ é chamada *fator integrante* (note que em equações exatas também aparece uma função com o mesmo nome). Dessa forma, segue que, para $P(t) = e^{\int G(t)dt}$, podemos escrever a equação (14) da forma

$$\frac{d}{dt}\big[P(t)y\big] = P(t)H(t)$$

Portanto, integrando com relação a t, obtemos:

$$P(t)y = \int P(t)H(t)dt + C$$

Ou, ainda:

$$y = \frac{1}{P(t)}\left[\int P(t)H(t)dt + C\right] \qquad (16)$$

Ou seja, a equação (16) é a solução geral da equação (13).

Observação: Note que, no caso de equações lineares de primeira ordem homogênea $y' + G(t)y = 0$, teremos a fórmula geral dada por $y(t) = \frac{C}{P(t)}$, em que *P(t)* é o fator integrante.

Exemplo 2.8
Consideremos a seguinte equação:

$$y' - 3t^2 y = t_2 \qquad (17)$$

Note que a equação (17) já está na forma (13), assim, $G(t) = -3t^2$ e $H(t) = t^2$. Logo, como

$$P(t) = e^{\int G(t)dt} = e^{\int -3t^2 dt} = e^{-t^3}$$

segue que esse é o fator integrante. Basta, agora, como no método, multiplicar esse fator integrante pela equação (17), isto é:

$$e^{-t^3} y' - 3e^{-t^3} y = t^2 e^{-t^3}$$

que pode ser reescrita da forma:

$$\frac{d}{dt}\left[e^{-t^3} y\right] = t^2 e^{-t^3}$$

Assim, integrando com relação a *t*, temos:

$$e^{-t^3} y = \int t^2 e^{-t^3} dt + C \Rightarrow y = e^{t^3}\left[\int t^2 e^{-t^3} dt + C\right] \qquad (18)$$

Para encontrar *y*, basta resolver a integral do lado direito da equação (18). Observe que:

$$\int t^2 e^{-t^3} dt = \int \frac{-3}{-3} t^2 e^{-t^3} dt \underset{u=-t^3}{=} \int -\frac{1}{3} e^u du = -\frac{1}{3} \int e^u du = -\frac{1}{3} e^u = -\frac{1}{3} e^{-t^3}$$

Assim, a solução geral é dada por:

$$y = e^{t^3}\left[-\frac{1}{3} e^{-t^3} + C\right] = -\frac{1}{3} + Ce^{t^3}$$

Exemplo 2.9

Consideremos a seguinte equação:

$$xy' + (2x - 3)y = 4x^4$$

Veja que essa equação não está na forma da equação (13), sendo necessário apenas dividir toda equação por x nesse caso, isto é:

$$y' + \left(\frac{2x-3}{x}\right)y = 4x^3$$

Assim, note que $G(x) = \frac{2x-3}{x}$ e $H(x) = 4x^3$. Desse modo, temos:

$$P(x) = e^{\int G(x)dx} = e^{\int \frac{2x-3}{x}dx} = e^{\int 2-\frac{3}{x}dx} = e^{2x-3\ln x} = e^{2x+\ln x^{-3}} = x^{-3}e^{2x}$$

Portanto, o fator integrante é dado por $P(x) = x^{-3}e^{2x}$. Assim, multiplicando $P(x)$ pela equação em questão, teremos:

$$x^{-3}e^{2x}y' + x^{-3}e^{2x}\left(\frac{2x-3}{x}\right)y = x^{-3}e^{2x}4x^3 = 4e^{2x}$$

Ou, ainda:

$$\frac{d}{dx}\left[x^{-3}e^{2x}y\right] = 4e^{2x}$$

Logo, integrando com relação a x, temos:

$$x^{-3}e^{2x}y = \int 4e^{2x}dx + C$$

Portanto,

$$y = x^3 e^{-2x}\left[\int 4e^{2x}dx + C\right] = x^3 e^{-2x}\left[2e^{2x} + C\right] = Cx^3 e^{-2x} + 2x^3$$

é a solução geral.

Além disso, suponha que tenhamos um PVI, isto é:

$$xy' + (2x - 3)y = 4x^4, \; y(1) = 3$$

Note que, como a solução geral é dada por $y = Cx^3 e^{-2x} + 2x^3$ basta determinar a constante C utilizando a condição do PVI $y(1) = 3$, isto é:

$$3 = y(1) = Ce^{-2} + 2 \Rightarrow Ce^{-2} = 1 \Rightarrow C = e^2$$

Ou seja, a solução do PVI anterior é dada por

$$y(x) = e^{-2x+2}x^3 + 2x^3$$

Note que, se as funções G(t) e H(t) forem, ambas, contínuas num intervalo aberto I (seja ele ilimitado ou não), segue que as integrais $P(t) = e^{\int G(t)dt}$, $\int P(t)H(t)dt$ existem em I, assim, a expressão obtida na equação (16) faz sentido no que se refere à existência; além disso, satisfaz a equação (13), logo, é solução. Entretanto, dado um ponto t_0 no intervalo I em que está definida a solução e um número y_0, existe um único valor para a constante C que satisfaz a condição $y(t_0) = y_0$. Em resumo dessa discussão, enunciaremos o próximo teorema.

Teorema 2.2

Consideremos que as funções G(t) e H(t) sejam, ambas, contínuas no intervalo que denotaremos por I, contendo um ponto t_0, assim o PVI $y' + G(t)y = H(t)$, $y(t_0) = y_0$, tem uma única solução da forma:

$$y = \frac{1}{P(t)}\left(\int P(t)H(t)dt + C\right)$$

Em que C é uma constante conveniente a determinar pela condição $y(t_0) = y_0$ e $P(t) = e^{\int G(t)dt}$.

Em seguida, apresentamos algumas aplicações das equações diferenciais de primeira ordem.

Exemplo 2.10

O problema do tanque: suponha que, em um determinado tanque com água, no tempo $t = 0$, encontra-se uma quantidade S_0 de certa substância dissolvida em 100 galões. Suponha, ainda, que estão entrando no tanque g galões por minuto $\left(g\frac{gal}{min}\right)$ com $\frac{1}{5}$lb dessa substância por galão e que a taxa de escoamento é a mesma da entrada (isto é, permanecem sempre 100 galões dentro do tanque).

Queremos encontrar a lei (equação diferencial) que governa esse acontecimento e, com isso, obter mais algumas possíveis informações. Sob a hipótese de que a substância não irá se degenerar por algum motivo dentro do tanque, sendo a única forma de entrada e saída pelo fluxo que estamos considerando, e denotando por $S(t)$ a quantidade dessa substância no tanque, a taxa de variação com relação ao tempo, isto é, $\frac{dS}{dt}$, é dada por:

$$\frac{dS}{dt} = \text{taxa de entrada} - \text{taxa de saída} \tag{19}$$

Note que entra no tanque a quantidade

$$g\frac{gal}{min} \cdot \frac{1}{5}\frac{lb}{gal} = \frac{g}{5}\frac{lb}{min}$$

Tendo em vista que a totalidade do tanque é de 100 galões, segue, portanto, que $\frac{S(t)}{100}\frac{lb}{gal}$ é a quantidade da substância presente no tanque. Logo, como o fluxo de entrada e saída é o mesmo, isto é, $g\frac{gal}{min}$, tem-se que

$$\left(g\frac{gal}{min}\right)\left(\frac{S(t)}{100}\frac{lb}{gal}\right) = g\frac{S(t)}{100}\frac{lb}{min}$$

é a taxa de saída. Assim, a equação (19) fica da forma:

$$\frac{dS}{dt} = \frac{g}{5} - g\frac{S}{100} \qquad (20)$$

Note ainda que (20) pode ser reescrita como:

$$\frac{dS}{dt} + g\frac{S}{100} = \frac{g}{5}$$

Em que, pela forma da equação (13), tem-se $G(t) = \frac{g}{100}$ e $H(t) = \frac{g}{5}$. Desse modo, o fator integrante é dado por:

$$P(t) = e^{\int G(t)dt} = e^{\int \frac{g}{100}dt} = e^{\frac{g}{100}t}$$

Portanto, multiplicando esse fator integrante pela equação, obtemos:

$$e^{\frac{g}{100}t}\frac{dS}{dt} + ge^{\frac{g}{100}t}\frac{S}{100} = \frac{g}{5}e^{\frac{g}{100}t}$$

que, por sua vez, pode ser reescrita da forma:

$$\frac{d}{dt}\left[e^{\frac{g}{100}t}S\right] = \frac{g}{5}e^{\frac{g}{100}t} \Rightarrow e^{\frac{g}{100}t}S = \int \frac{g}{5}e^{\frac{g}{100}t}dt + C \Rightarrow S(t) = 20 + Ce^{-\frac{g}{100}t}$$

Note que, para $t = 0$, tem-se a quantidade S_0, ou seja,

$S_0 = S(0) = 20 + Ce^0 = 20 + C \Rightarrow C = S_0 - 20$

Portanto, a solução do problema é dada por:

$$S(t) = 20 + (S_0 - 20)e^{-\frac{g}{100}t} \quad (21)$$

Além disso, intuitivamente, na medida em que existe $\frac{1}{5}$lb dessa substância no tanque em um tempo suficientemente longo, podemos pensar que a quantidade estará próxima a 20 lb. Essa intuição é confirmada pela solução dada na equação (21), pois, tomando $t \to \infty$, implica $S(t) \to 20$.

Porém, para $g = 2$ e uma concentração inicial de $S_0 = 60$, vamos encontrar o tempo t para o qual a concentração chega a 30 lb. Para isso, note que

$$S(t) = 20 + (60 - 20)e^{-\frac{2}{100}t} = 20 + 40e^{-\frac{t}{50}}$$

Queremos saber qual o tempo t no qual $S(t) = 30$, isto é:

$$30 = S(t) = 20 + 40e^{-\frac{t}{50}}$$

$$30 - 20 = 40e^{-\frac{t}{50}}$$

$$\ln e^{-\frac{t}{50}} = \ln\left(\frac{1}{4}\right) = \ln 1 - \ln 4 = -\ln 4$$

$$-\frac{t}{50} = -\ln 4 \Rightarrow t = 50\ln 4 \Rightarrow t \approx 69{,}3 \text{ (min)}$$

Exemplo 2.11

Juros: considere que certa quantidade de dinheiro é depositada num fundo de investimento para a abertura de uma Fintech, a uma taxa anual de juros j. A taxa de variação do investimento em um instante t é denotada por $I(t)$ e igual à taxa j, segundo a qual o investimento aumenta, ou seja, há a multiplicação entre a taxa de juros e o valor atual do investimento $I(t)$, isto é:

$$\frac{dI}{dt} = jI$$

Assim, $\frac{dI}{dt} - jI = 0$, portanto, fator integrante é dado por:

$$P(t) = e^{\int G(t)dt} = e^{-\int j\, dt} = e^{-jt}$$

Em que:

$$e^{-jt}\frac{dI}{dt} - je^{-jt}I = 0 \Rightarrow \frac{d}{dt}\left[e^{-jt}I\right] = 0 \Rightarrow e^{-jt}I = C \Rightarrow I = Ce^{jt}$$

Além disso, considerando que I_0 é o investimento inicial em t = 0, temos:

$$I_0 = I(0) = C \Rightarrow I(t) = I_0 e^{jt}$$

Suponha, agora, que podem existir depósitos e saques com uma taxa constante, assim:

$$\frac{dI}{dt} = jI + D$$

Sendo D > 0 para depósitos e D < 0 para saques. Da mesma forma, encontrando o fator integrante e realizando as demais operações (verifique!), você encontra a seguinte solução:

$$I(t) = I_0 e^{jt} + \frac{D}{j}(e^{jt} - 1)$$

2.7 Método de Euler

No decorrer deste capítulo, apresentamos alguns métodos para resolver certos tipos de EDOs. Em geral, tínhamos um problema da forma

$$y' = f(t, y)$$

Sob determinadas condições imposta a f, se possível, escolhíamos um método e, assim, tentávamos obter a solução.

No entanto, qualquer que seja a função f, podemos encontrar a solução do problema analiticamente?

A resposta para essa questão pode ser logo respondida se considerarmos $f(t, y) = e^{-t^2}$ e buscarmos resolver o problema

$$\frac{dy}{dt} = e^{-t^2}$$

Observe que, por integração direta, temos a necessidade de resolver a integral $\int e^{-t^2} dt$. Porém, como você já deve saber, não é possível resolvê-la analiticamente porque a antiderivada não é uma função elementar. Desse modo, surge a necessidade de algo novo no que se refere à obtenção de solução de uma EDO, e é sobre isso que vamos comentar nesta seção.

Suponha que temos um problema de valor inicial da forma:

$$\frac{dy}{dt} = f(t, y), \; y(t_0) = y_0$$

Escolhemos um passo fixo h > 0 e pontos da forma $t_n = a + nh$, de modo que $t_{n+1} = t_n + h$, com n = 1, 2, ... O objetivo é encontrar, para cada ponto x_n dado, boas aproximações y_n, n = 1, 2, ..., dos valores verdadeiros $y(x_n)$, $n = 1, 2, \ldots$. Desse modo, basicamente, buscamos aproximações y_n de $y(t_n)(y_n \cong y(t_n))$ para $n = 1, 2, \ldots$.

Note que, para $t = t_0$,

$$\frac{d}{dt}y(t_0) = f(t_0, y(t_0)) = f(t_0, y_0)$$

Em que $y_0 \cong y(t_0)$. Ainda, visto que

$$\frac{dy}{dt} = f(t, y(t))$$

Para $t = t_0$,

$$\frac{dy}{dt}(t_0) = f(t_0, y(t_0))$$

Aproximando $\frac{dy}{dt}(t_0)$ por $\frac{y(t_1) - y(t_0)}{t_1 - t_0}$, temos:

$$\frac{y(t_1) - y(t_0)}{t_1 - t_0} = f(t_0, y(t_0))$$

Substituindo esses valores pelo seus aproximados, segue que:

$$\frac{y_1 - y_0}{t_1 - t_0} = f(t_0, y_0) \Rightarrow y_1 = (t_1 - t_0)f(t_0, y_0) + y_0 \Rightarrow y_1 = y_0 + hf(t_0, y_0)$$

Da mesma forma, para $t = t_1$ temos:

$$\frac{dy}{dt}(t_1) = f(t_1, y(t_1))$$

Aproximando $\frac{dy}{dt}(t_1)$ por $\frac{y(t_2) - y(t_1)}{t_2 - t_1}$, implica

$$\frac{y(t_2) - y(t_1)}{t_2 - t_1} = f(t_1, y(t_1))$$

Substituindo pelos valores aproximados

$$\frac{y_2 - y_1}{t_2 - t_1} = f(t_1, y_1) \Rightarrow y_2 = (t_2 - t_1)f(t_1, y_1) + y_1 \Rightarrow y_2 = y_1 + hf(t_1, y_1)$$

de modo geral, teremos

$$y_{n+1} = y_n + hf(t_n, y_n)$$

Em que $y_n \cong f(t_n)$ e $y_{n+1} \cong f(t_{n+1})$

Resumindo, temos o seguinte:

> **Método de Euler**: dado problema de valor inicial
>
> $$\frac{dy}{dt} = f(t, y), \ y(a) = y_0$$
>
> o método de Euler com passo h consiste em se aplicar a fórmula
>
> $$y_{n+1} = y_n + hf(t_n, y_n), \ n \geq 1$$
>
> para calcular aproximações $y_1, y_2, \ldots,$ para valores exatos $y(t_1), y(t_2), \ldots,$ da solução $y = y(t)$ nos pontos $t_1, t_2, \ldots$.

Exemplo 2.12

Para analisar a eficácia do método de Euler, vamos considerar o problema de valor inicial

$$\frac{dy}{dt} = 2t + y, \ y(0) = 1$$

Note que $\frac{dy}{dt} - y = 2t$, em que o fator integrante é dado por:

$$P(t) = e^{\int G(t)dt} = e^{\int -1 dt} = e^{-t}$$

Portanto:

$$e^{-t}y' - e^{-t}y = 2te^{-t} \Rightarrow \frac{d}{dt}\left[e^{-t}y\right] = 2te^{-t} \Rightarrow e^{-t}y = \int 2te^{-t}dt + C$$

Resolvendo essa última integral por partes, teremos:

$$y = -(2 + 2t) + Ce^t$$

Visto que $y(0) = 1$,

$$1 = y(0) = -(2 + 0) + Ce^0 \Rightarrow C = 1 + 2 = 3$$

Portanto, a solução do PVI é dada por:

$$y(t) = -(2 + 2t) + 3e^t$$

Agora, apliquemos o método de Euler com passo h = 0,1 para aproximar a solução do PVI no intervalo $0 \leq x \leq 1$. Atente que

f(t, y) = 2t + y

Sendo assim, a fórmula iterativa fica da forma:

$y_{n+1} = y_n + h(2t_n + y_n)$

Como $a = x_0 = 0$ e $y_0 = 1$ utilizando arredondamento de três casas decimais, temos:

$y_1 = 1,000 + 0,1 \cdot (2 \cdot 0 + 1,000) = 1,100$
$y_2 = 1,100 + 0,1 \cdot (2 \cdot 0,1 + 1,100) = 1,230$
$y_3 = 1,230 + 0,1 \cdot (2 \cdot 0,2 + 1,230) = 1,393$

Observe que, de acordo com os dados da Tabela 2.1, à medida em que *n* aumenta, o erro também aumenta, ou seja, à proporção que x_n se afasta do ponto inicial x_0, o erro aumenta.

Tabela 2.1 – Resultados sobre o método de Euler

n	x_n	y_n	$y(x_n)$	Erro $y(x_n) - y_n$
1	0,0	1,000	1,000	0,000
2	0,1	1,100	1,116	0,016
3	0,2	1,230	1,264	0,034

Uma alternativa para se obter estimativas mais próximas à solução seria diminuir o passo *h*, porém, vários fatores computacionais estão envolvidos, como o tempo de processamento (custo computacional), que deve ser considerado.

Para saber mais

O método de Euler foi uma ferramenta inicial no que se refere a métodos de resolução numérica de EDOs. Muitos outros, derivados desse método, vieram em seguida, de forma mais aperfeiçoada. Para se aprofundar no assunto e conhecer sobre esses métodos, consulte o livro *Análise numérica*, de Burden, Faires e Burden (2015).

BURDEN, R. L.; FAIRES, D. J.; BURDEN, A. M. **Análise numérica**. Tradução de All Tasks. 3. ed. São Paulo: Cengage Learning, 2015.

2.8 Comentários sobre existência e unicidade

Nesta seção, discutiremos o teorema que garante a existência e unicidade sob determinadas condições para o problema de valor inicial que estamos abordando neste capítulo, dado da forma

$$y' = f(t, y); y(t_0) = y_0 \qquad (22)$$

Em geral, para equações lineares, métodos podem fornecer diretamente a fórmula para a solução. Porém, para equações não lineares, esse tipo de abordagem não é possível porque, para cada tipo de equação não linear, em geral, existe um método, isto é, não existe um método único que se aplique a todos os tipos de equação.

Sendo assim, a demonstração do teorema no que se refere à existência gira em torno da construção de funções que convergem a uma função limite, satisfazendo a condição inicial. Entretanto, como as técnicas utilizadas, em grande parte, são tema de curso de cálculo avançado, sua demonstração não será feita aqui. Mesmo assim, observe o Exemplo 2.13 para saber como construir essa sequência de funções. Se pretender se aprofundar no tema, indicamos a obra de Sotomayor (1979), que consta na seção Bibliografia comentada.

Agora, considere a equação (22) no ponto (t_0, y_0) sendo a origem, isto é, o ponto (0,0). Caso não seja, basta realizar uma translação. Desse modo, enunciaremos o teorema a seguir:

Teorema 2.3

Se f e $\dfrac{\partial f}{\partial y}$ são contínuas em um retângulo R: $-a \leq t \leq a$, $-b \leq y \leq b$ então, existe algum intervalo $|t| \leq h \leq a$ no qual há uma única solução $y = \phi(t)$ do problema

$$\frac{dy}{dt} = f(t, y), \ y(0) = 0 \qquad (23)$$

Suponha que, se existe uma função $y = \phi(t)$ que seja solução do problema, então, $f(t, \phi(t))$ é uma função contínua dependendo apenas de t. Log:

$$y' = f(t, \phi(t)) \Rightarrow y = \int_0^t f(s, \phi(s))ds$$

Ou, ainda:

$$\phi(t) = \int_0^t f(s, \phi(s))ds \qquad (24)$$

Em que usamos $\phi(0) = 0$. A equação (24) é chamada *equação integral*.

A seguir, faremos um procedimento com um exemplo que é chamado *método das aproximações sucessivas*, ou *método de iteração de Picard*, o qual é ferramenta-chave da demonstração do teorema.

Exemplo 2.13
Considere o seguinte problema:

$$y' = y + 1, \; y(0) = 0$$

Vamos proceder à resolução pelo método de aproximações sucessivas. Observe como funciona. Note que, se $y = \phi(t)$, a equação integral correspondente é dada por:

$$\phi(t) = \int_0^t \phi(s) + 1 \, ds$$

Se a aproximação inicial é dada por alguma função que já cumpre a condição inicial, nesse caso, a mais simples pode ser tomada como $\phi_0(t) = 0$, assim:

$$\phi_1(t) = \int_0^t 1 + \phi_0(s) ds = \int_0^t 1 + 0 \, ds = t$$

$$\phi_2(t) = \int_0^t 1 + \phi_1(s) ds = \int_0^t 1 + t \, ds = t + \frac{t^2}{2}$$

$$\phi_3(t) = \int_0^t 1 + \phi_2(s) ds = \int_0^t 1 + t + \frac{t^2}{2} ds = t + \frac{t^2}{2} + \frac{t^3}{2 \cdot 3}$$

$$\phi_4(t) = \int_0^t 1 + \phi_3(s) ds = \int_0^t 1 + t + \frac{t^2}{2!} + \frac{t^3}{3!} ds = t + \frac{t^2}{2} + \frac{t^3}{3!} + \frac{t^4}{4!}$$

Em geral, parece que a fórmula é dada por

$$\phi_n(t) = t + \frac{t^2}{2!} + \frac{t^3}{3!} + \frac{t^4}{4!} + \cdots + \frac{t^n}{n!}$$

De fato, mostremos por indução matemática sobre *n* que está correta. Compreenda que, para n = 1, é verdadeira, pois é o próprio $\phi_1(t)$. Suponha verdadeiro para n = k e verá que também é válido para n = k + 1. Observe que

$$f_{k+1}(t) = \int_0^t 1 + f_k(s) ds = \int_0^t 1 + \left(s + \frac{s^2}{2!} + \cdots + \frac{s^k}{k!} \right) ds$$

$$\phi_{k+1}(t) = t + \frac{t^2}{2!} + \frac{t^3}{3!} + \cdots \frac{t^{k+1}}{(k+1)!} \tag{25}$$

Ou seja, a fórmula dada em (25) é válida.

Note ainda que

$$e^t = 1 + t + \frac{t^2}{2!} + \frac{t^3}{3!} + \cdots$$

Assim, como

$$\phi_k(t) = t + \frac{t^2}{2!} + \frac{t^3}{3!} + \cdots \frac{t^k}{k!} = \sum_{n=0}^{k} \frac{t^n}{n!} - 1$$

temos que

$$\phi_k(t) \xrightarrow{k \Rightarrow +\infty} e^t - 1$$

Esta é justamente a solução do problema (confira!).

Síntese

Neste capítulo, você iniciou seu estudo sobre os métodos de resolução para equações diferenciais ordinárias de primeira ordem. Primeiramente, apresentamos o método via integração direta, que oferece rapidamente a solução de equações diferenciais mais simples. Em seguida, mostramos como identificar equações diferenciais de variáveis separáveis, aumentando um pouco mais a gama de equações que você pode resolver e que, até então, não era possível via integração direta.

Tratamos, também de um tipo especial de equações diferenciadas, chamadas de *equações diferenciais de primeira ordem homogêneas*, e equações do tipo exatas, ampliando o universo de equações que você pode resolver. Além disso, mostramos a você algumas aplicações interessantes, como o problema do tanque e uma aplicação em juros. Esses exemplos são importantes para conhecer a aplicabilidade dos métodos apresentados.

Ao final, comentamos acerca do método de Euler, método pioneiro no estudo de resolução numérica de equações diferenciais, além de apresentarmos um exemplo com o método de aproximações sucessivas para deixar mais claro como funciona a demonstração do teorema de existência e unicidade.

Atividades de autoavaliação

1) Na equação a seguir, determine o valor de C para o qual a equação $(xy^2 + Cx^2y)dx + (x^3 + yx^2)dy = 0$ seja exata. Em seguida, assinale a alternativa em que aparece a solução correta.

a. $C = 3$ e $\dfrac{x^2y^2}{2} + x^3y^2 = K$.

b. $C = 2$ e $\dfrac{x^2y^2}{2} + x^3y = K$.

c. $C = 2$ e $\dfrac{x^2y^2}{2} + x^3y^2 = K$.

d. $C = 3$ e $\dfrac{x^2y^2}{2} + x^3y = K$.

e. $C = 3$ e $\dfrac{x^2y^2}{2} + x^3y^3 = K$.

2) Julgue se as afirmativas a seguir são verdadeiras (V) ou falsas (F).

( ) A equação $x^2y^3 + x(1 + y^2)y' = 0$ é exata.

( ) A equação $y + (2x - ye^y)\dfrac{dy}{dx} = 0$ não é exata, mas o fator integrante $P(x, y) = x$ a torna exata.

( ) A equação $(x + 2)\operatorname{sen}(y) + x\cos(y)\dfrac{dy}{dx} = 0$ não é exata, mas o fator integrante $P(x, y) = xe^x$ a torna exata.

( ) A equação $x^2y^3 + x(1 + y^2)y' = 0$ não é exata, mas o fator integrante $P(x, y) = \dfrac{1}{xy^3}$ a torna exata.

Agora, assinale a alternativa que apresenta a sequência correta:

a. F, F, V, F.
b. F, F, V, V.
c. V, F, V, V.
d. V, V, F, V.
e. F, F, F, V.

3) Uma equação diferencial da forma

$$\dfrac{dy}{dx} + P(x)y = Q(x)y^n$$

é dita uma equação de Bernoulli. Se $n = 0$ ou $n = 1$, ela se reduz ao caso já conhecido por nós. Caso contrário, tome a substituição $v = y^{1-n}$. Assim:

$$\dfrac{d}{dx}v = \dfrac{d}{dx}y^{1-n} = (1 - n)y^{-n}y'$$

Dessa maneira:

$$\frac{dv}{dx} = \frac{(1-n)}{y^n}y' = \frac{(1-n)}{y^n}\left[Q(x)y^n - P(x)y\right]$$

$$\frac{dv}{dx} = (1-n)Q(x) - (1-n)P(x)y^{1-n}$$

$$\frac{dv}{dx} = (1-n)Q(x) - (1-n)P(x)v$$

Portanto:

$$\frac{dv}{dx} + (1-n)P(x)v = (1-n)Q(x)$$

Porém, tendo em vista a praticidade, não é preciso memorizar esta última fórmula, apenas lembre-se da substituição. Sobre essa discussão, assinale a alternativa correta:

a. Resolvendo a equação $\frac{dy}{dx} - \frac{3}{2x}y = \frac{2x}{y}$, obtemos a solução implícita $y^2 = -4x^2 + Cx^3$.

b. Resolvendo a equação $x\frac{dy}{dx} + 6y = 3xy^{\frac{4}{3}}$, obtemos a solução implícita $y = (x + Cx^2)^{-2}$.

c. A equação $3xy^2y' = 3x^4 + y^3$ não pode ser colocada na forma de uma equação de Bernoulli; logo, não pode ser resolvida por esse método.

d. Toda equação de Bernoulli com $n \in \mathbb{N} - \{0,1\}$ é linear.

e. É possível resolver a equação de Bernoulli via integração direta.

4) Dadas as equações, verifique se são exatas. Caso não sejam, encontre o fator integrante.

I. $\left(\cos(x) + \ln y\right) + \left(\frac{x}{y} + e^y\right)\frac{dy}{dx} = 0$

II. $4y\,dx + x\,dy = 0$

III. $2xy\,dx + (y^2 - x^2)dy = 0$

IV. $3x^2y^3 + y^4 + (3x^3y^2 + y^4 + 4xy^3)y' = 0$

Agora, assinale a alternativa correta em relação às equações:

a. A equação (I) e (IV) são exatas, não sendo possível obter o fator integrante das demais.

b. A equação (I) e (III) são exatas, sendo $P(x, y) = y^{-\frac{3}{4}}$ o fator integrante de (II) e $Q(x, y) = x$ de (IV).

c. A equação (I) e (IV) são exatas, sendo $P(x, y) = y^{-\frac{3}{4}}$ o fator integrante de (II) e $Q(x, y) = y^{-2}$ de (III).

d. Apenas a equação (I) é exata, não sendo possível encontrar fator integrante para as demais.

e. Todas as equações são exatas.

5) A lei de resfriamento de Newton diz que a temperatura de um objeto muda a uma taxa proporcional à diferença entre sua temperatura e a do ambiente que o rodeia. Suponha que, hipoteticamente, um objeto que segue a lei de Newton foi colocado no fogo e alcançou uma temperatura de 200 °C. Em seguida, ele foi lançado num rio e, após 1 minuto, alcançou a temperatura de 190 °C. Considerando que a temperatura do rio era de 70 °C, determine o tempo em que a temperatura alcançou 150 °C.

Dica: O objetivo é encontrar a EDO que modela essa situação. Para isso, denote por $T(t)$ a temperatura do objeto no instante t e por k a constante de proporção. Logo, use o que a lei diz para montar o problema.

Assinale a alternativa que apresenta a solução correta:

a. $t \cong 5{,}06$ min.
b. $t \cong 0{,}66$ min.
c. $t \cong 6{,}06$ min.
d. $t \cong 7{,}06$ min.
e. $t \cong 4{,}06$ min.

Atividades de aprendizagem

Questões para reflexão

1) Como visto na seção 2.7, quando tratamos sobre o método de Euler, faça uma pesquisa visando compreender melhor a necessidade de métodos numéricos para EDOs e, em seguida, liste quais os métodos criados que são posteriores ao de Euler.

2) Tendo em vista o exercício anterior, que trata dos métodos numéricos para EDOs, busque informações teóricas sobre a relevância da aplicação prática desse estudo na vida real, isto é, conforme seu desenvolvimento, quais foram os benefícios e quais ainda serão (se possível), caso problemas em aberto venham a ser resolvidos. Se possível, comente seus resultados com seu grupo.

Atividade aplicada: prática

1) De acordo com a questão 5 das Atividades de autoavaliação, é possível usar uma EDO na lei de resfriamento de Newton. Tendo em vista essa informação, e considerando como é importante mostrar aplicações concretas de teorias, elabore um plano de aula, com duração de 50 minutos, em que seja feito o desenvolvimento dos cálculos que forneçam a informação da hora em que um corpo foi a óbito. Pense na melhor maneira de apresentar esse exemplo aos seus alunos.

Exercícios complementares

1) Responda as seguintes perguntas:

   a. Qual a diferença notável em aplicar o método de resolução por integração direta com relação a equações de variáveis separáveis?

   b. Qual a substituição que deve ser feita quando for resolver uma equação linear de primeira ordem homogênea, apresentada na seção 2.3?

   c. Como caracterizar uma equação exata?

   d. Nas condições em que foi apresentado o fator integrante para equações exatas, o que se deve fazer para tornar uma equação que não é exata em uma que seja exata?

   e. Qual a forma geral de uma EDO linear de primeira ordem?

   f. Qual a expressão que se deve resolver para encontrar o fator integrante?

2) Resolva as equações a seguir pelo método que julgar mais conveniente.

   a. $(x^2 - 2y^2)dx + xy\,dy = 0$

   b. $y' = \dfrac{(x-y)}{(x+y)}$

   c. $\dfrac{2x}{y^2}dx + \dfrac{(y^2 - 3x^2)}{y^4}dy = 0$

3) Além dos métodos apresentados neste capítulo, existem muitos outros. Um deles é parecido com o que apresentamos em equações lineares de primeira ordem homogêneas, em que é feita com uma substituição conveniente. Resolva a equação

$$y' = \frac{(2x - y + 1)}{(6x - 3y - 1)}$$

fazendo uma substituição conveniente.

Dica: Use a substituição $u = 2x - y$.

4) A equação $\dfrac{dy}{dx} = A(x)y^2 + B(x)y + C(x)$ é chamada *equação de Riccati*. Suponha que uma solução particular, dada por $y_1(x)$, seja conhecida. Tomando a substituição $y = y_1 + \dfrac{1}{v}$, podemos colocar a equação de Riccati na forma $v' + (B + 2Ay_1)v = -A$. De fato,

$$\frac{dy}{dx} = y'_1 + \left(\frac{1}{v}\right)' = y'_1 - v^{-2}v' \Rightarrow \frac{dy}{dx} = -v^{-2}v'$$

Logo:

$$A(x)y^2 + B(x)y + C(x) = A(x)y_1^2 + B(x)y_1 + C(x) - \frac{1}{v^2}v'$$

$$A(x)\left(y_1 + \frac{1}{v}\right)^2 + B(x)\left(y_1 + \frac{1}{v}\right) + C(x) = A(x)y_1^2 + B(x)y_1 + C(x) - \frac{1}{v^2}v'$$

Simplificando, obtemos:

$$v' + (B + 2Ay_1)v = -A$$

Refaça as contas com calma e, em seguida, considerando uma solução particular dada por $y_1(x) = x$, encontre a solução da seguinte equação:

$$y' + 2xy = 1 + x^2 + y^2$$

Neste capítulo, abordaremos, por meio de alguns teoremas, o conceito de estrutura de soluções das equações diferenciais lineares homogêneas. Em seguida, faremos o desenvolvimento da teoria de equações diferenciais de segunda ordem com coeficientes constantes. Também mostraremos como desenvolver os tipos de soluções que aparecem ao resolver essa equação, além de abordarmos o caso de equações não homogêneas de segunda ordem, com o desenvolvimento de técnicas como o método dos coeficientes a determinar e o método de variação dos parâmetros. Ao final, faremos uma breve discussão acerca de aplicações em problemas de vibrações.

3

Equações diferenciais lineares de segunda ordem

3.1 Estrutura das equações diferenciais lineares de ordem *n*

Comecemos por conceituar, de forma geral, as equações que iremos trabalhar neste capítulo. Uma equação diferencial linear de ordem *n* é uma equação da forma:

$$A_n(t)\frac{d^n y}{dt^n} + A_{n-1}(t)\frac{d^{n-1} y}{dt^{n-1}} + \cdots + A_1(t)\frac{dy}{dt} + A_0(t)y = F(t) \qquad (1)$$

Observe a diferença entre esta e a equação geral apresentada na equação (1) do Capítulo 1. Vamos supor que $A_0, A_1, \ldots, A_n$ e F são funções reais e contínuas definidas em um intervalo I: $a < t < b$, $a, b \in \mathbb{R}$ e que a função $A_n(t)$ nunca se anula no intervalo I. Agora, dividindo a equação (1) por $A_n(t)$, obtemos:

$$\frac{d^n y}{dt^n} + P_{n-1}(t)\frac{d^{n-1} y}{dt^{n-1}} + \cdots + P_1(t)\frac{dy}{dt} + P_0(t)y = G(t) \qquad (2)$$

Se $F(t) = 0$ em (1) ou $G(t) = 0$ em (2), como já visto, é dita *equação linear homogênea*. Caso contrário, é dita *não homogênea*.

Enunciamos a seguir o primeiro teorema deste capítulo, no entanto, a demonstração não será feita, pois foge à proposta deste livro. Mas, na seção Bibliografia comentada, indicamos Boyce e Diprima (2010) para sua consulta.

Teorema 3.1

Existência e unicidade: se as funções $P_1, P_2, \ldots, P_n$ e G são contínuas em um intervalo I e $y_0, y_1, \ldots, y_{n-1}$ são constantes reais, então, existe exatamente uma solução $y = \phi(t)$ da equação diferencial (2), satisfazendo as condições iniciais

$$y(t_0) = y_0,\ y'(t_0) = y_1,\ \ldots,\ y^{n-1}(t_0) = y_{n-1},$$

definida em todo o intervalo I.

Nosso interesse aqui é para o caso n = 2, tomado na equação (2). Obviamente, o Teorema 3.1 é válido para esse caso. Vamos incluir uma nova notação da forma L[y] que será dada por:

$$L[y] = y'' + p(t)y' + q(t) \qquad (3)$$

nosso objeto de estudo nesta seção, em que as funções p e q cumprem o que já mencionamos para satisfazer o Teorema 3.1 no estudo da equação L[y] = 0, com condições iniciais $y(t_0) = p_0$ e $y'(t_0) = p_1$.

Teorema 3.2

Princípio da superposição: se y_1 e y_2 são soluções de L[y] = 0, então, a combinação linear

$$y(t) = c_1 y_1 + c_2 y_2$$

também é solução para todo $c_1, c_2 \in \mathbb{R}$.

Demonstração: (Dica: basta substituir a função y(t) na equação diferencial L[y] = 0).

Note que, com o Teorema 3.2, é possível obter uma infinidade de soluções tomando valores arbitrários para as constantes c_1 e c_2, porém as constantes precisam satisfazer as condições iniciais $y(t_0) = p_0$ e $y'(t_0) = p_1$, dando origem ao sistema

$$\begin{cases} c_1 y_1(t_0) + c_2 y_2(t_0) = p_0 \\ c_1 y'_1(t_0) + c_2 y'_2(t_0) = p_1 \end{cases} \qquad (4)$$

Neste momento, o que é desconhecido são as constantes c_1 e c_2, isto é, são as incógnitas. Sendo assim, tomando os coeficientes do sistema dado anteriormente e calculando o determinante, temos:

$$W[y_1, y_2](t_0) = \begin{vmatrix} y_1(t_0) & y_2(t_0) \\ y'_1(t_0) & y'_2(t_0) \end{vmatrix} = y_1(t_0)y'_2(t_0) - y'_1(t_0)y_2(t_0)$$

Note que denotamos o determinante por $W[y_1, y_2](t_0)$. Esse determinante é chamado de *determinando wronskiano*, ou simplesmente *wronskiano*, das soluções y_1 e y_2. Veja que, se $W[y_1, y_2](t_0) \neq 0$, então, o sistema (4) tem única solução (c_1, c_2) dada por (você pode usar a regra de Cramer para resolver esse sistema):

$$c_1 = \frac{p_0 y'_2(t_0) - p_1 y_2(t_0)}{y_1(t_0)y'_2(t_0) - y'_1(t_0)y_2(t_0)}$$

$$c_2 = \frac{-p_0 y'_1(t_0) + p_1 y_1(t_0)}{y_1(t_0)y'_2(t_0) - y'_1(t_0)y_2(t_0)}$$

Porém, se $W[y_1, y_2](t_0) = 0$, o sistema (4) não tem solução, a menos que p_0 e p_1 satisfaçam alguma condição adicional, fora das consideradas neste momento. Um resultado fruto dessa discussão é dado a seguir.

Teorema 3.3
Sejam y_1 e y_2 duas soluções da equação $L[y] = 0$, com condições iniciais $y(t_0) = p_0$ e $y'(t_0) = p_1$. Assim, sempre é possível escolher constantes c_1 e c_2, tais que

$$y(t) = c_1 y_1(t) + c_2 y_2(t)$$

satisfaça a equação $L[y] = 0$ e as condições iniciais se, e somente se, o wronskiano

$$W[y_1, y_2](t_0) \neq 0$$

Em seguida, enunciaremos o teorema que mostra como são dadas todas as soluções da equação $L[y] = 0$.

Teorema 3.4
Se y_1 e y_2 são duas soluções da equação diferencial $L[y] = 0$ e se existe um ponto t_0 em que o wronskiano de y_1 e y_2 é diferente de zero, então, a família de soluções $y(t) = c_1 y_1(t) + c_2 y_2(t)$, com coeficientes arbitrários c_1 e c_2, inclui todas as soluções da equação $L[y] = 0$.

Demonstração: Vamos considerar uma solução $\phi(t)$ qualquer da equação $L[y] = 0$ e mostrar que ela está incluída no conjunto das combinações lineares $y(t) = c_1 y_1 + c_2 y_2$. Por hipótese, existe um ponto t_0 em que o wronskiano $W[y_1, y_2](t_0) \neq 0$, logo, calculando $\phi(t_0)$ e $\phi'(t_0)$, temos, considerando que a equação possui as condições iniciais mencionadas até o momento, $(t_0) = p_0$, e $\phi'(t_0) = p_1$. Entretanto, considerando o problema de valor inicial

$$L[y] = 0, \ y(t_0) = p_0, \ y'(t_0) = p_1$$

temos que $\phi(t)$ já é solução dele. Além disso, o wronskiano no ponto t_0 é diferente de zero, assim, o que garante, pelo Teorema 3.3, a determinação das constantes c_1 e c_2, pelo qual a função $y(t) = c_1 y_1(t) + c_2 y_2(t)$ também seja solução do problema de valor inicial considerado. Por fim, o Teorema 3.1, de existência e unicidade, garante que, se existem essas duas soluções, necessariamente devem ser iguais (visto a unicidade). Ou seja, a função considerada no início, $\phi(t)$, está incluída no conjunto de combinações lineares $c_1 y_1(t) \ c_2 y_2(t)$.

Pelo Teorema 3.4, podemos concluir que toda solução arbitrária da equação $L[y] = 0$ está incluída na família de soluções $c_1 y_1(t) + c_2 y_2(t)$. Sendo assim, dizemos que $y(t) = c_1 y_1(t) + c_2 y_2(t)$, com $c_1 y_1 \in \mathbb{R}$ sendo a solução geral dessa equação. Além disso, as soluções y_1 e y_2 em que o wronskiano seja não nulo formam o que denominamos *conjunto fundamental* de soluções.

O próximo teorema pretende facilitar o momento de concluir se um conjunto de soluções é fundamental ou não.

Teorema 3.5

Considere a equação L[y] = 0 com os coeficientes sendo funções contínuas em algum intervalo I. Escolha, nesse intervalo, um ponto t_0. Considere uma solução y_1 da equação em questão que satisfaça as condições iniciais

$$y_1(t) = 1, \ y'_1(t_0) = 0$$

e uma solução y_2 que satisfaça

$$y_2(t_0) = 0, \ y'_2(t_0) = 1$$

Assim, y_1 e y_2 formam um conjunto fundamental de soluções da equação L[y] = 0.

Demonstração: Atente que é preciso apenas calcular o wronskiano das soluções y_1 e y_2 nesse ponto t_0, isto é,

$$W[y_1, y_2](t_0) = \begin{vmatrix} y_1(t_0) & y_2(t_0) \\ y'_1(t_0) & y'_2(t_0) \end{vmatrix} = \begin{vmatrix} 1 & 0 \\ 0 & 1 \end{vmatrix} = 1$$

Visto que o wronskiano não se anula nesse ponto t_0, segue que as soluções y_1 e y_2 formam um conjunto fundamental de soluções.

Exemplo 3.1

Considere a seguinte equação:

$$y'' - y = 0$$

Na próxima seção, você irá aprender como encontrar as soluções dessa equação. No momento, apenas confira se $y_1(t) = e^t$ e $y_2(t) = e^{-t}$ são soluções dessa equação. Além disso, veja que

$$W[y_1, y_2](t) = \begin{vmatrix} y_1(t) & y_2(t) \\ y'_1(t) & y'_2(t) \end{vmatrix} = \begin{vmatrix} e^t & e^{-t} \\ e^t & -e^{-t} \end{vmatrix} = -2 \neq 0$$

Portanto, como o wronskiano é sempre diferente de zero, as soluções formam um conjunto fundamental de soluções. Porém, no ponto $t_0 = 0$, essas soluções não são do conjunto fundamental que é garantido pelo Teorema 3.5, porque elas não satisfazem as condições do teorema. Desse modo, para encontrar o conjunto fundamental de soluções do Teorema 3.5, precisamos, denotando por $y_3(t)$ uma das soluções, que

$$y_3(0) = 1, \ y'_3(0) = 0$$

Observe que, tendo em vista o Teorema 3.4, toda solução dessa equação em questão está incluída na família

$$y(t) = c_1 e^t + c_2 e^{-t}$$

É possível, então, encontrar as constantes c_1 e c_2, pois o wronskiano dessas soluções, em qualquer ponto (em particular, em $t_0 = 0$), é diferente de zero (aqui, estamos utilizando o Teorema 3.3). Sendo assim, para as condições requeridas, basta escolher $c_1 = \dfrac{1}{2}$ e $c_2 = \dfrac{1}{2}$. Portanto:

$$y_3(t) = \frac{1}{2}e^t + \frac{1}{2}e^{-t} = \cosh(t)$$

Além disso, de forma análoga, suponha que $y_4(t)$ seja outra solução satisfazendo as condições iniciais

$$y_4(0) = 0, \; y'_4(0) = 1$$

Assim:

$$y_4(t) = \frac{1}{2}e^t - \frac{1}{2}e^{-t} = \sinh(t)$$

é a solução requerida.

Visto que o wronskiano de y_3 e y_4 é dado por

$$W[y_1, y_2](t) = \begin{vmatrix} y_3(t) & y_4(t) \\ y'_3(t) & y'_4(t) \end{vmatrix} = \begin{vmatrix} \cosh(t) & \sinh(t) \\ \sinh(t) & \cosh(t) \end{vmatrix}$$

$$= (\cosh(t))^2 - (\sinh(t))^2 = 1 \neq 0$$

segue que essas funções formam um conjunto fundamental de soluções, mencionado no Teorema 3.5. Dessa maneira, a solução geral da equação pode ser dada por:

$$y(t) = C_1 \cosh(t) + C_2 \sinh(t)$$

Observe que, em nenhum momento, mencionamos o fato de o conjunto fundamental de soluções ser único. Veja que, no Exemplo 3.1, já foi possível encontrar dois, mas, à medida em que mudamos as condições iniciais, é possível encontrar muitos outros.

3.2 Equações homogêneas com coeficientes constantes

Nesta seção, vamos considerar a equação (1) deste capítulo, porém, para n = 2 e F(t) = 0, isto é,

$$A_2(t)y'' + A_1(t)y' + A_0(t)y = 0$$

Além disso, vamos considerar as funções $A_2(t)$, $A_1(t)$ e $A_0(t)$ como sendo funções constantes, isto é,

$$ay'' + by' + cy = 0 \qquad (5)$$

Em que as funções a, b e c são constantes reais dadas, sendo em todo o texto $a \neq 0$ para que possa caracterizar uma EDO de segunda ordem. Para encontrar as soluções dessa equação (5), vamos começar a procurar soluções exponenciais da forma

$$y(t) = e^{rt}$$

Em que r é um parâmetro a ser determinado. Note que $y'(t) = re^{rt}$ e $y''(t) = r^2 e^{rt}$. Substituindo essas expressões na equação (5), temos:

$$(ar^2 + br + c)e^{rt} = 0 \qquad (6)$$

Veja que, na equação (6), sendo $e^{rt} \neq 0$, segue que

$$ar^2 + br + c = 0 \qquad (7)$$

Observe, atente que associamos uma equação diferencial a uma equação do segundo grau. A equação (7) é chamada de *equação característica* da equação diferencial. Seu significado está no fato de, se r é solução da equação característica, então, $y(t) = e^{rt}$ é solução da equação diferencial. Sendo assim, considerando os possíveis casos para raízes de uma equação do segundo grau, teremos de analisar três casos: se a equação tem raízes reais distintas, complexas conjugadas, ou reais repetidas.

3.2.1 Raízes reais distintas da equação característica

Suponha que as raízes da equação característica sejam r_1 e r_2, com $r_1 \neq r_2$. Logo, $y_1(t) = e^{r_1 t}$ e $y_2(t) = e^{r_2 t}$ são duas soluções da equação diferencial

$$ay'' + by' + cy = 0$$

Além disso, a combinação linear das soluções

$$y(t) = c_1 y_1(t) + c_2 y_2(t) = c_1 e^{r_1 t} + c_2 e^{r_2 t}$$

também são soluções, como visto no Teorema 3.2.

Exemplo 3.2
Vamos encontrar as soluções da equação

$$y'' + 3y' + 2y = 0$$

que cumpram as condições iniciais $y(0) = 5$ e $y'(0) = -7$ Note que, para essa equação, devemos resolver a equação característica associada $r^2 + 3r + 2 = 0$. As raízes dessa equação são $r_1 = -1$ e $r_2 = -2$. Dessa maneira, a solução da equação diferencial é dada por $y(t) = c_1 e^{-t} + c_2 e^{-2t}$. De acordo com as condições iniciais e tendo em vista que

$$y'(t) = -c_1 e^{-t} - 2c_2 e^{-2t}$$

temos:

$$y(0) = c_1 + c_2 = 5$$
$$y'(0) = -c_1 - 2c_2 = -7$$

Ou seja, $c_1 = 3$ e $c_2 = 2$. Portanto, a solução do PVI é dada por:

$$y(t) = 3e^{-t} + 2e^{-2t}$$

3.2.2 Raízes complexas conjugadas da equação característica

Suponha que, ao resolver a equação característica, tenhamos o discriminante $b^2 - 4ac < 0$, isso acarretará em soluções complexas (conjugadas) para a equação característica da forma $r_1 = u + iv$ e $r_2 = u - iv$, em que u e v são números reais. Dessa maneira, as soluções serão:

$$y_1(t) = e^{(u+iv)t}, \ y_2(t) = e^{(u-iv)t}$$

Buscaremos uma forma mais simples de expressar a solução geral para esse tipo de solução. Para isso, vamos considerar a fórmula de Euler

$$e^{i\theta t} = \cos(\theta t) + i\sin(\theta t)$$

Note que

$$y_1(t) = e^{(u+iv)t} = e^{ut}(\cos(vt) + i\sin(vt)) = e^{ut}\cos(vt) + ie^{ut}\sin(vt)$$
$$y_2(t) = e^{(u-iv)t} = e^{ut}(\cos(vt) - i\sin(vt)) = e^{ut}\cos(vt) - ie^{ut}\sin(vt)$$

Considerando que, pelo Teorema 3.2, podemos fazer tanto a soma quanto a diferença de soluções que ainda continua sendo solução, fazemos $y_1(t) + y_2(t) = 2e^{ut}\cos(vt)$ e $y_1(t) - y_2(t) = 2ie^{ut}\sin(vt)$. Logo, colocando em termos de constantes os números 2 e 2i, temos como solução geral

$$y(t) = c_1 e^{ut}\cos(vt) + c_2 e^{ut}\sin(vt)$$

Em que c_1 e c_2 são constantes a serem determinadas.

Exemplo 3.3

Vamos resolver a seguinte equação diferencial:

$$y'' + 2y' + 4y = 0$$

Considere as condições iniciais $y(0) = 1$ e $y'(0) = 2$.

Note que a equação característica associada é dada por

$$r^2 + 2r + 4 = 0$$

cujas raízes são dadas por $r = -1 \pm \sqrt{3}i$. Logo, a solução é dada por:

$$y(t) = c_1 e^{-t} \cos(\sqrt{3}t) + c_2 e^{-t} \sin(\sqrt{3}t)$$

Considerando as condições iniciais, segue que

$$y(0) = 1 = c_1 \text{ e } y'(0) = 2 = -c_1 + c_2\sqrt{3} = -1 + c_2\sqrt{3} \Rightarrow c_2 = \sqrt{3}$$

Portanto, a solução é dada por:

$$y(t) = e^{-t}\cos(\sqrt{3}t) + \sqrt{3}e^{-t}\sin(\sqrt{3}t)$$

3.2.3 Raízes repetidas da equação característica

Vamos tratar o caso em que as raízes obtidas da equação característica são iguais, isto é, $r_1 = r_2$ com o discriminante $b^2 - 4ac = 0$, ou seja, $r_1 = r_2 = -\dfrac{b}{2a}$; logo, a solução é $y_1(t) = e^{-\frac{b}{2a}t}$. Interessante seria ter duas soluções para fazer a combinação entre elas e obter a solução geral, sendo assim, buscaremos uma segunda solução $y_2(t)$ da forma

$$y_2(t) = v(t)y_1(t) = v(t)e^{-\frac{b}{2a}t}$$

Assim:

$$y'_2(t) = v'(t)e^{\left(\frac{-b}{2a}\right)t} - \frac{b}{2a}v(t)e^{\left(\frac{-b}{2a}\right)t}$$

$$y''_2(t) = v''(t)e^{\left(\frac{-b}{2a}\right)t} - \frac{b}{a}v'(t)e^{\left(\frac{-b}{2a}\right)t} + \frac{b^2}{4a^2}v(t)e^{\left(\frac{-b}{2a}\right)t}$$

Dessa maneira, substituindo essas expressões na equação diferencial $ay'' + by' + cy = 0$, temos:

$$\left\{ a\left[v''(t) - \frac{b}{a}v'(t) + \frac{b^2}{4a^2}v(t)\right] + b\left[v'(t) - \frac{b}{2a}v(t)\right] + cv(t) \right\} e^{\left(\frac{-b}{2a}\right)t} = 0$$

Ou, ainda:

$$a\left[v''(t) - \frac{b}{a}v'(t) + \frac{b^2}{4a^2}v(t)\right] + b\left[v'(t) - \frac{b}{2a}v(t)\right] + cv(t) = 0$$

$$av''(t) + (-b + b)v'(t) + \left(\frac{b^2}{4a} - \frac{b^2}{2a} + c\right)v(t) = 0$$

$$av''(t) + \left(\frac{-b^2 + 4ac}{4a}\right)v(t) = 0$$

Visto que, por hipótese, $b^2 - 4ac = 0$, segue que

$av''(t) = 0$

Novamente, por hipótese, estamos considerando $a \neq 0$, logo, a equação resultante é dada por:

$v''(t) = 0 \Rightarrow v'(t) = c_1 \Rightarrow v(t) = c_1 t + c_2$

Portanto, a solução geral para esse caso é dada por:

$$y(t) = (c_1 t + c_2) e^{\left(\frac{-b}{2a}\right)t}$$

Exemplo 3.4

Vamos considerar a seguinte equação diferencial:

$y'' + 4y' + 4y = 0$

Note que a equação característica associada é dada por $r^2 + 4r + 4 = 0$, cuja raiz é $r = 2$. Logo, por caracterizar uma equação com raiz repetida, a solução geral da equação é $y(t) = (c_1 t + c_2) e^{-2t}$.

3.3 Equações não homogêneas de segunda ordem

Nesta seção, vamos abordar as equações não homogêneas, apresentando o método dos coeficientes indeterminados e o método de variação dos parâmetros. Esses dois métodos aumentam o número de equações que poderemos resolver. Inicialmente, trataremos da estrutura de soluções dessas equações por meio do teorema a seguir.

Teorema 3.6

Se Y_1 e Y_2 são duas soluções da equação:

$$L[y] = y'' + p(t)y' + q(t)y = g(t) \tag{8}$$

Em que as funções p e q são contínuas num dado intervalo I. Então a diferença $Y_1 - Y_2$ é uma solução da equação homogênea associada, isto é, da equação $L[y] = 0$. Se y_1 e y_2 formam um conjunto fundamental para a equação associada, então:

$$Y_1(t) - Y_2(t) = c_1 y_1(t) + c_2 y_2(t)$$

Em que c_1 e c_2 são constantes.

Demonstração: Dado que Y_1 e Y_2 são soluções da equação não homogênea, isso implica que $L[Y_1] = g(t)$ e $L[Y_2] = g(t)$. Fazendo a diferença entre elas, temos:

$$L[Y_1] - L[Y_2] = g(t) - g(t) = 0 \tag{9}$$

Porém:

$$L[Y_1 - Y_2] = [Y_1 - Y_2]'' + p(t)[Y_1 - Y_2]' + q(t)[Y_1 - Y_2] =$$
$$= Y''_1 - Y''_2 + p(t)Y'_1 - p(t)Y'_2 + q(t)Y_1 - q(t)Y_2 =$$
$$= Y''_1 + p(t)Y'_1 + q(t)Y_1 - [Y''_2 + p(t)Y'_2 + q(t)Y_2] =$$
$$= L[Y_1] - L[Y_2]$$

Isto é:

$$L[Y_1 - Y_2] = L[Y_1] - L[Y_2]$$

Sendo assim, usando a equação (9), concluímos que

$$L[Y_1 - Y_2] = 0$$

Ou seja, $Y_1 - Y_2$ é solução da equação homogênea associada. Além disso, como toda solução pode ser expressa como combinação linear de funções em um dado conjunto fundamental de soluções (visto no Teorema 3.4), segue que $Y_1 - Y_2$ pode ser escrita como:

$$Y_1(t) - Y_2(t) = c_1 y_1(t) + c_2 y_2(t) \tag{10}$$

Deste teorema, é possível extrair o corolário a seguir.

Corolário 3.1

A solução geral da equação não homogênea pode ser escrita na forma:

$$y(t) = c_1 y_1(t) + c_2 y_2(t) + Y(t)$$

Demonstração: Considerando o teorema anterior, faça $y(t) = Y_1(t)$ como uma solução arbitrária da equação e $Y(t) = Y_2(t)$ como uma solução particular. Desse modo, temos:

$$y(t) - Y(t) = Y_1(t) - Y_2(t) = c_1 y_1(t) + c_2 y_2(t)$$

Na a última igualdade usa-se a equação (10).

Pelo Corolário 3.1, é possível concluir que, para encontrar uma solução de uma equação não homogênea, é necessário, inicialmente, encontrar uma solução particular dela (denotaremos por y(t) = y_p(t) e, ainda, encontrar a solução geral da equação homogênea associada, a qual chamaremos de *solução complementar* e denotaremos por y_c(t) = $c_1 y_1$(t) + $c_2 y_2$(t).

Motivados por essa discussão, em seguida, vamos apresentar como é possível encontrar essa solução particular.

3.3.1 Método dos coeficientes a determinar

Nesta subseção, iremos nos restringir a encontrar soluções da equação

ay" + by' + cy = g(t)

Em que $a, b, c \in \mathbb{R}$. Além disso, a função *g(t)* será considerada em quatro casos específicos. Esse fato se justifica por julgar mais eficiência do método.

Caso 1

Neste caso, vamos considerar

g(t) = P_n(t) = $a_n t^n + a_{n-1} t^{n-1} + a_0$

Assim, a equação toma a forma:

$$ay" + by' + cy = a_n t^n + a_{n-1} t^{n-1} + \cdots + a_0 \qquad (11)$$

Suponhamos que uma solução particular seja da forma:

$$y(t) = A_n t^n + A_{n-1} t^{n-1} + \cdots + A_3 t^3 + A_2 t^2 + A_1 t + A_0 \qquad (12)$$

Em que os coeficientes A_i's, com $i = 0, 1, \ldots, n$, são os que se deseja determinar. Da expressão de *y(t)*, temos:

y'(t) = $nA_n t^{n-1} + (n-1)A_{n-1} t^{n-2} + \ldots + 3A_3 t^2 + 2A_2 t + A_1$

e, ainda,

y"(t) = $n(n-1)A_n t^{n-2} + (n-1)(n-2)A_{n-1} t^{n-3} + \ldots + 6A_3 t + 2A_2$

Substituindo essas expressões na equação (11), temos:

$$a\left[n(n-1)A_n t^{n-2} + (n-1)(n-2)A_{n-1} t^{n-3} + \cdots + 6A_3 t + 2A_2\right] +$$
$$+ b\left[nA_n t^{n-1} + (n-1)A_{n-1} t^{n-2} + \cdots + 3A_3 t^2 + 2A_2 t + A_1\right] +$$
$$+ c\left[A_n t^n + A_{n-1} t^{n-1} + \cdots + A_3 t^3 + A_2 t^2 + A_1 t + A_0\right] =$$
$$= a_n t^n + a_{n-1} t^{n-1} + \cdots + a_0$$

Usando igualdade de polinômios (isto é, igualando os coeficientes dos termos de mesmo grau), obtemos:

$cA_n = a_n$

$cA_{n-1} + bnA_n = a_{n-1}$

$cA_{n-2} + b(n-1)A_{n-1} + an(n-1)A_n = a_{n-2}$

$cA_0 + bA_1 + 2aA_2 = a_0$

Observe ainda que, se $c \neq 0$, na primeira equação temos $A_n = \dfrac{a_n}{c}$ e, assim, os demais determinam $A_{n-1}, A_{n-2}, \ldots, A_0$. Agora, se $c = 0$ e $b \neq 0$, a expressão $ay''(t) + by'(t)$ tem grau $n-1$ quando substituímos a solução apresentada em (12). Desse modo, para corrigir a igualdade dos graus, devemos tomar, em vez de (12), a solução

$$y(t) = t\left(A_n t^n + A_{n-1} t^{n-1} + \cdots + A_3 t^3 + A_2 t^2 + A_1 t + A_0\right) \qquad (13)$$

Caso $c = 0$ e $b = 0$, teremos de tomar, pelo mesmo motivo da correção de igualdade de grau, a solução

$$y(t) = t^2(A_n t^n + A_{n-1} t^{n-1} + \ldots + A_3 t^3 + A_2 t^2 + A_1 t + A_0)$$

Exemplo 3.5

Vamos resolver a seguinte equação:

$y'' + y' - 2y = t^2$

Tomemos a equação homogênea associada $y'' + y' - 2y = 0$ cuja equação característica é dada por $r^2 + r - 2 = 0$, de modo que encontramos as raízes $r_1 = 1$ e $r_2 = -2$. Assim, a solução da equação é dada por

$y_c(t) = c_1 e^t + c_2 e^{-2t}$

Nesse caso, $g(t) = t^2$, logo, $y_p(t) = At^2 + Bt + C$. Assim, como feito no método, vamos encontrar y'_p e y''_p isto é:

$y_p'(t) = 2At + B$

$y_p''(t) = 2A$

Substituindo na equação a ser resolvida em questão, temos:

$(2A) + (2At + B) - 2(At^2 + Bt + C) = t^2$

Ou seja:

$$-2At^2 + (2A - 2B)t + (2A + B - 2C) = t^2$$

De modo que, pela igualdade de polinômios,

$-2A = 1$
$2A - 2B = 0$
$2A + B - 2C = 0$

A solução desse sistema é dada por $A = -\dfrac{1}{2}$, $B = -\dfrac{1}{2}$ e $C = -\dfrac{3}{4}$.

Sendo assim, a solução particular dessa equação é dada por

$$y_p(t) = -\frac{1}{2}t^2 - \frac{1}{2}t - \frac{3}{4}$$

Como a solução geral é $y(t) = y_c(y) + y_p(t)$ temos, assim,

$$y(t) = c_1 e^t + c_2 e^{-2t} - \frac{1}{2}t^2 - \frac{1}{2}t - \frac{3}{4}$$

Caso 2

Neste momento, vamos considerar equações da forma:

$$ay'' + by' + cy = e^{\beta t} P_n(t) \tag{14}$$

Tendo em vista que o termo não homogêneo em questão é uma exponencial multiplicada por um polinômio, intuitivamente, a solução "deve" ser da forma

$y(t) = e^{\beta t} u(t)$

Sendo assim,

$y'(t) = \beta e^{\beta t} u(t) + u'(t) e^{\beta t} = e^{\beta t}[u'(t) + \beta u(t)]$
$y''(t) = \beta e^{\beta t}[u'(t) + \beta u(t)] + e^{\beta t}[u''(t) + \beta u'(t)] = e^{\beta t}[u''(t) + 2\beta u'(t) + \beta^2 u(t)]$

Substituindo essas expressões na equação (14) e efetuando as possíveis simplificações, segue:

$a[u''(t) + 2\beta u'(t) + \beta^2 u(t)] + \beta[u'(t) + \beta u(t)] + cu(t) = P_n(t)$

Ou ainda:

$au''(t) + (2a\beta + b)u'(t) + (a\beta^2 + ab + c)u(t) = P_n(t)$

Se $a\beta^2 + ab + c \neq 0$, suponhamos $u(t) = A_n t^n + A_{n-1} t^{n-1} + \ldots + A_1 t + A_0$. Sendo assim, a solução segue da forma:

$$y(t) = e^{\beta t}(A_n t^n + A_{n-1} t^{n-1} + \ldots + A_1 t + A_0)$$

Se $a\beta^2 + ab + c = 0$ e $2a + b \neq 0$, precisamos tomar $u(t)$ da forma:

$$u(t) = t(A_n t^n + A_{n-1} t^{n-1} + \ldots + A_1 t + A_0)$$

Ou, ainda, se $a\beta^2 + ab + c = 0$ e $2a\beta + b = 0$, precisaremos tomar $u(t)$ da forma:

$$u(t) = t^2(A_n t^n + A_{n-1} t^{n-1} + \ldots + A_1 t + A_0)$$

Note que a função $u(t)$ foi tomada de diferentes formas para igualar o grau do polinômio, discussão análoga àquela feita no Caso 1.

Exemplo 3.6

Vamos resolver a equação

$$y'' + 4y = e^{3t}$$

Note que a equação característica associada é dada por:

$$r^2 + 4 = 0$$

cujas raízes são $r_1 = 2i$ e $r_2 = -2i$. Assim, a solução da equação homogênea é dada por:

$$y_c(t) = c_1 \cos(2t) + c_2 \sin(2t)$$

Para encontrar uma solução particular, conforme o método, propomos a solução $y_p(t) = Ae^{3t}$. Sendo assim, $y'_p(t) = 3Ae^{3t}$ e $y''_p(t) = 9Ae^{3t}$. Substituindo na equação diferencial em questão, temos:

$$9Ae^{3t} + 4(Ae^{3t}) = e^{3t}$$

Logo, $A = \dfrac{1}{13}$. Portanto, a solução particular é $y_p(t) = \dfrac{1}{13} e^{3t}$ e, como a solução é dada por

$$y(t) = y_c(t) + y_p(t)$$

segue que

$$y(t) = c_1 \cos(2t) + c_2 \sin(2t) + \frac{1}{13} e^{3t}$$

Caso 3

Neste caso, vamos tratar de equações da forma:

$$ay'' + by' + cy = g(t),$$

Em que $g(t) = e^{\beta t}P_n(t)\cos(\theta t)$ ou $g(t) = e^{\beta t}P_n(t)\sin(\theta t)$. Faremos o caso em que

$$g(t) = e^{\beta t}P_n \sin(\theta t)$$

porém o outro é feito de modo análogo.

Inicialmente, note que

$$e^{i\theta t} = \cos(\theta t) + i\sin(\theta t)$$
$$e^{-i\theta t} = \cos(\theta t) - i\sin(\theta t)$$

Assim,

$$e^{i\theta t} - e^{-i\theta t} = 2i\sin(\theta t) \Rightarrow \sin(\theta t) = \frac{e^{i\theta t} - e^{-i\theta t}}{2i}$$

Desse modo, podemos escrever:

$$g(t) = e^{\beta t}P_n(t)\sin(\theta t) = e^{\beta t}P_n(t)\left(\frac{e^{i\theta t} - e^{-i\theta t}}{2i}\right) = P_n(t)\left(\frac{e^{(\beta+i\theta)t} - e^{(\beta-i\theta)t}}{2i}\right)$$

Sendo assim, tomemos a solução da forma:

$$y(t) = e^{(\beta+i\theta)t}(A_n t^n + A_{n-1}t^{n-1} + \cdots + A_1 t + A_0) +$$
$$+ e^{(\beta-i\theta)t}(B_n t^n + B_{n-1}t^{n-1} + \cdots + B_1 t + B_0)$$

Ou, ainda, após algumas simplificações:

$$y(t) = e^{\beta t}(A_n t^n + A_{n-1}t^{n-1} + \cdots + A_1 t + A_0)\cos(\theta t) +$$
$$+ e^{\beta t}(B_n t^n + B_{n-1}t^{n-1} + \cdots + B_1 t + B_0)\sin(\theta t)$$

Observe o exemplo a seguir para ilustrar esse caso.

Exemplo 3.7

Vamos resolver a equação:

$$y'' - 3y' - 4y = -8e^t \cos(2t)$$

Para essa questão, a forma da solução particular é dada por:

$$y_p(t) = Ae^t \cos(2t) + Be^t \sin(2t)$$

conforme desenvolvimento do método anterior.

Assim,

$$y'_p(t) = (A + 2B)e^t \cos(2t) + (-2A + B)e^t \sin(2t)$$
$$y''_p(t) = (-3A + 4B)e^t \cos(2t) + (-4A - 3B)e^t \sin(2t)$$

Substituindo essas expressões na equação diferencial em questão, temos:

$$(-3A + 4B)e^t \cos(2t) + (-4A - 3B)e^t \sin(2t)$$
$$-3[(A + 2B)e^t \cos(2t) + (-2A + B)e^t \sin(2t)] - 4[Ae^t \cos(2t) +$$
$$+ Be^t \sin(2t)] = -8e^t \cos(2t)$$

Logo:

$$\begin{cases} 10A + 2B = 8 \\ 2A - 10B = 0 \end{cases}$$

resultando em $A = \dfrac{10}{13}$ e $B = \dfrac{2}{13}$. Desse modo, a solução particular é:

$$y_P(t) = \frac{10}{13}e^t \cos(2t) + \frac{2}{13}\sin(2t)$$

Por fim, encontrando a solução da equação homogênea associada (faça você mesmo!), temos que a solução geral é dada por:

$$y(t) = c_1 e^{4t} + c_2 e^{-t} + \frac{10}{13}e^t \cos(2t) + \frac{2}{13}\sin(2t)$$

Caso 4

Além desses três últimos casos, é possível haver combinações deles, isto é,

$$g(t) = g_1(t) + g_2(t)$$

Em que as funções $g_1(t)$ e $g_2(t)$ são algumas das funções apresentadas nos casos anteriores. Desse modo, dado o problema

$$ay'' + by' + cy = g(t) = g_1(t) + g_2(t)$$

dividiremos em outros dois problemas, a saber:

$ay'' + by' + cy = g_1(t)$
$ay'' + by' + cy = g_2(t)$

os quais têm por soluções $y_1(t)$ e $y_2(t)$, respectivamente.

Afirmamos que a solução do problema

$ay'' + by' + cy = g(t)$

nada mais é do que a soma das soluções, isto é,

$y(t) = y_1(t) + y_2(t)$

De fato,

$a(y_1(t) + y_2(t))'' + b(y_1(t) + y_2(t))' + c(y_1(t) + y_2(t)) =$
$= (ay''_1 + by'_1 + cy_1) + (ay''_2(t) + by'_2(t) + cy_2(t)) = g_1(t) + g_2(y) = g(t)$

como queríamos.

Exemplo 3.8

Considere a equação

$2y'' + 3y' + y = t^2 + te^t + 3\sin(t)$

na qual, conforme o Caso 4, podemos considerar os seguintes problemas separadamente:

$2y'' + 3y' + y = t^2$	(15)
$2y'' + 3y' + y = te^t$	(16)
$2y'' + 3y' + y = 3\sin(t)$	(17)

Note que as equações (15), (16) e (17) são casos particulares dos Casos 1, 2 e 3, respectivamente. Portanto, como a equação homogênea, comum a todas essas equações, é dada por

$2y'' + 3y' + y = 0$

cuja equação característica associada é dada por

$2r^2 + 3r + 1 = 0$

gerando as soluções $r_1 = -\dfrac{1}{2}$ e $r_2 = -1$, a solução da equação homogênea é dada por:

$$y_c(t) = c_1 e^{-\frac{1}{2}t} + c_2 e^{-t}$$

Para a equação (15), dada por

$$2y'' + 3y' + y = t^2$$

devemos considerar o Caso 1. Desse modo, tomemos a solução particular da forma

$$y_p(t) = At^2 + Bt + C$$

Assim,

$$y'_p(t) = 2At + B$$
$$y''_p(t) = 2A$$

Substituindo na equação em questão e resolvendo o sistema encontrado, vamos obter os valores de $A = 1$, $B = -6$ e $C = 14$. Logo, a solução particular é dada por:

$$y_p(t) = t^2 - 6t + 14.$$

Para a equação (16), dada por

$$2y'' + 3y' + y = te^t$$

devemos considerar o Caso 2, assim, tomemos a solução da forma

$$y_p(t) = e^t u(t)$$

Portanto:

$$y'_p(t) = e^t u(t) + e^t u'(t)$$
$$y''_p(t) = e^t u(t) + 2e^t u'(t) + e^t u''(t)$$

Utilizando essas expressões na equação em questão e efetuando as simplificações necessárias, encontramos:

$$2u''(t) + 7u'(t) + 6u(t) = t$$

Nesse momento, utilizando da discussão feita no Caso 2, sobre qual a função $u(t)$ a ser utilizada, chegaremos em $u(t) = At + B$, ou seja, a solução particular é dada por:

$$y_p(t) = e^t(At + B)$$

Novamente, calculando $y'_p(t)$ e $y''_p(t)$, substituindo na equação em questão e resolvendo o sistema obtido, encontraremos os valores $A = \dfrac{1}{6}$ e $B = -\dfrac{7}{6}$. Logo:

$$y_p(t) = e^t\left(\dfrac{1}{6}t - \dfrac{7}{36}\right)$$

Para a equação (17)

$$2y'' + 3y' + y = 3\sin(t)$$

devemos considerar o Caso 3, desse modo, tomemos a solução da forma

$$y_p(t) = A\sin(t) + B\cos(t)$$

Assim:

$$y'_p(t) = A\cos(t) - B\sin(t)$$
$$y''_p(t) = -A\sin(t) - B\cos(t)$$

Logo, substituindo na equação em questão e resolvendo o sistema, encontraremos os valores $A = -\dfrac{3}{10}$ e $B = -\dfrac{9}{10}$, ou seja, a solução particular é dada por:

$$y_p(t) = -\dfrac{3}{10}\sin(t) - \dfrac{9}{10}\cos(t)$$

Encontradas as soluções particulares das equações (15), (16) e (17) e, ainda, a solução da equação homogênea associada, pelo Caso 4, devemos simplesmente fazer a soma de todas elas, ou seja, a solução geral da equação

$$2y'' + 3y' + y = t^2 + te^t + 3\sin(t)$$

é dada por

$$y(t) = c_1 e^{-\frac{1}{2}t} + c_2 e^{-t} + t^2 - 6t + 14 + e^t\left(\dfrac{1}{6}t - \dfrac{7}{36}\right) - \dfrac{3}{10}\sin(t) - \dfrac{9}{10}\cos(t)$$

3.3.2 Método de variação dos parâmetros

Considere a seguinte equação:

$$y'' + p(t)y' + q(t)y = g(t) \tag{18}$$

Em que as funções $p(t)$, $q(t)$ e $g(t)$ são contínuas. Vamos ao desenvolvimento do método: inicialmente, suponha que a solução da equação homogênea associada à equação (18) seja dada por

$$y_c(t) = c_1 y_1(t) + c_2 y_2(t)$$

As constantes c_1 e c_2 serão consideradas como funções $u_1(t)$ e $u_2(t)$ respectivamente, de modo que a solução

$$y(t) = u_1(t)\, y_1(t) + u_2(t)\, y_2(t)$$

seja solução da equação não homogênea dada em (18). Desse modo, o objetivo agora será, de alguma forma, encontrar expressões para $u_1(t)$ e $u_2(t)$. Calculando as derivadas de primeira e de segunda ordem de $y(t)$, temos:

$$y'(t) = u'_1(t)\, y_1(t) + u'_2(t)\, y_2(t) + u_1(t)\, y'_1(t) + u_2(t)\, y'_2(t)$$
$$y''(t) = u''_1(t)\, y_1(t) + u'_1(t)\, y'_1(t) + u'_1(t)\, y'_1(t) + u_1(t)\, y''_1(t) + u''_2(t)\, y_2(t) + u'_2(t)\, y'_2(t) +$$
$$+ u'_2(t)\, y'_2(t) + u_2(t)\, y''_2(t)$$

Vamos exigir que:

$$u'_1(t)y_1(t) + u'_2(t)y_2(t) = 0 \tag{19}$$

Com isso, teremos boas simplificações a serem feitas, isto é, teremos:

$$y'(t) = u_1(t)\, y'_1(t) + u_2(t)\, y'_2(t)$$
$$y''(t) = u'_1(t)\, y'_1(t) + u_1(t)\, y''_1(t) + u'_2(t)\, y'_2(t) + u_2(t)\, y''_2(t)$$

Substituindo y, y' e y'' na equação (18), temos:

$$u'_1(t)\, y'_1(t) + u_1(t)\, y''_1(t) + u'_2(t)\, y'_2(t) + u_2(t)\, y''_2(t) + p(t)[u_1(t)y'_1(t) + u_2(t)\, y'_2(t)] +$$
$$+ q(t)[u_1(t)\, y_1(t) + u_2(t)\, y_2(t)] = g(t)$$

Ou, ainda:

$$u_1(t)\{y''_1(t) + p(t)\, y_1(t) + q(t)\, y_1(t)\} + u_2(t)\{y''_2(t) + p(t)\, y_2(t) + q(t)\, y_2(t)\} +$$
$$+ u'_1(t)\, y'_1(y) + u'_2(t)\, y'_2(t) = g(t)$$

Note que estamos considerando $y_1(t)$ e $y_2(t)$ como soluções da equação homogênea associada à equação (18). Sendo assim, teremos:

$$y''_1(t) + p(t)\, y_1(t) + q(t)\, y_1(t) = 0$$
$$y''_2(t) + p(t)\, y_2(t) + q(t)\, y_2(t) = 0$$

Ou seja, dessa equação, temos:

$$u'_1(t)y'_1(t) + u'_2(t)y'_2(t) = g(t) \tag{20}$$

Da equação (19) e da (20), montamos o seguinte sistema:

$$\begin{cases} u'_1(t)y_1(t) + u'_2(t)y_2(t) = 0 \\ u'_1(t)y'_1(t) + u'_2(t)y'_2(t) = g(t) \end{cases}$$

Da primeira equação desse sistema, temos:

$$u'_1(t) = -\frac{u'_2(t)y_2(t)}{y_1(t)}$$

Substituindo na segunda equação do sistema, temos:

$$-\frac{u'_2(t)y_2(t)}{y_1(t)} y'_1(t) + u'_2(t)y'_2(t) = g(t) \Leftrightarrow$$

$$u'_2(t)\left[-\frac{y_2(t)}{y_1(t)} y'_1(t) + y'_2(t)\right] = g(t) \Leftrightarrow$$

$$u'_2(t)\left[y_1(t)y'_2(t) - y'_1(t)y_2(t)\right] = g(t)y_1(t) \Leftrightarrow$$

$$u'_2(t)\left[W(y_1, y_2)(t)\right] = g(t)y_1(t) \Leftrightarrow$$

$$u'_2(t) = \frac{g(t)y_1(t)}{W(y_1, y_2)(t)}$$

em que $W(y_1, y_2)(t)$ é o wronskiano definido anteriormente. Note ainda que $W(y_1, y_2)(t) \neq 0$, pois y_1 e y_2 formam um conjunto fundamental de solução. Assim, para obter uma forma para $u'_2(t)$, basta integrar com relação a t, isto é,

$$u_2(t) = \int \frac{g(t)y_1(t)}{W(y_1, y_2)(t)} dt + c_2$$

De forma análoga, encontramos:

$$u_1(t) = \int \frac{g(t)y_2(t)}{W(y_1, y_2)(t)} dt + c_1$$

Sendo assim, para resolver uma equação da forma (18), basta resolver essas integrais para encontrar expressões para $u_1(t)$ e $u_2(t)$ e usar a solução da forma

$$y(t) = u_1(t)\, y_1(t) + u_2(t)\, y_2(t)$$

Em que y_1 e y_2 são soluções da equação homogênea associada.

> **Importante!**
> O método de variação dos parâmetros apresenta algumas peculiaridades. Ele foi desenvolvido considerando funções p e q contínuas quaisquer. Entretanto, em determinado momento foi preciso saber o conjunto fundamental de soluções para a equação homogênea associada e, nesse ponto, surgiu um inconveniente: não sabemos encontrar soluções para o caso homogêneo quando os coeficientes não são constantes. Veremos um pouco disso em capítulos posteriores.
>
> Outro aspecto factível é que, como as expressões para as funções $u_1(t)$ e $u_2(t)$ são dadas por integrais, dependendo das funções consideradas, podem dificultar a resolução. No entanto, se forem considerados coeficientes constantes, o método de variação dos parâmetros abrange outros tipos de funções $g(t)$ não tratadas nos Casos 1, 2 e 3, desenvolvidos no método dos coeficientes a determinar.

Exemplo 3.9

Considere a seguinte equação:

$$y'' + y = \tan x, \quad 0 < x < \pi$$

A equação característica associada tem raízes complexas $r = \pm 1$ gerando, assim, a solução

$$y_c(x) = c_1 \cos x + c_2 \sin x$$

Note que as soluções $y_1(x) = \cos x$ e $y_2(x) = \sin x$ são tais que

$$W(y_1, y_2)(x) = \begin{vmatrix} \cos x & \sin x \\ -\sin x & \cos x \end{vmatrix} = \cos^2 x + \sin^2 x = 1$$

Ou seja, formam um conjunto fundamental de soluções. Desse modo, precisamos calcular u_1 e u_2. Note que

$$u_1(x) = -\int \frac{g(x) y_2(x)}{W(y_1, y_2)(x)} dx = -\int \frac{\tan x \sin x}{1} dx = \sin x - \ln(\sec x + \tan x) + C_1$$

$$u_2(x) = \int \frac{g(x) y_1(x)}{W(y_1, y_2)(x)} dx = \int \frac{\tan x \cos x}{1} dx = -\cos x + C_2$$

Sendo assim, como a solução da equação é dada por

$$y(x) = u_1(x) y_1(x) + u_2(x) y_2(x)$$

segue daí que

$$y(x) = C_1 \cos x + C_2 \sin x - \cos x \ln(\sec x + \tan x)$$

3.4 Alguns comentários sobre vibrações

Nesta seção, faremos uma introdução sobre vibrações. Trata-se de uma boa oportunidade para conhecer uma das aplicações desse tipo de equações diferenciais de segunda ordem que estudamos até o momento.

Inicialmente, suponha que um objeto de massa m esteja fixo na extremidade de uma mola anteriormente de tamanho l, sendo que, após fixado o objeto, a mola passa a ter o comprimento $l + L$, cujo *número* L é o prolongamento causado pelo peso do objeto.

Fisicamente, existem algumas forças a serem consideradas, a saber: a **força gravitacional**, que "puxa" a mola para baixo, devido ao peso m do objeto, que denotaremos por $f_g = mg$, sendo g a aceleração da gravidade. Ainda existe a **força causada pelo prolongamento da mola**, denotada por f_m cujo efeito é o de levar o objeto para cima no movimento natural da mola devido à força que move o objeto para baixo.

Para descrever essa dinâmica, devemos recorrer à lei de Hooke, que, em termos gerais, estabelece que: se o prolongamento L, cujo aumento depende do peso do objeto, for pequeno, então a força f_m fica muito próxima de ser proporcional ao prolongamento L. Dito de outra maneira, a lei de Hooke estabelece a relação $f_m = -kL$, em que k é a constante positiva de proporção. Considerando que as forças estão balanceadas, teremos $f_g + f_m = 0$, ou seja, $mg - kL = 0$.

Neste momento, estamos interessados em estudar a dinâmica desse sistema. Para isso, denote por $u(t)$ o deslocamento do objeto a partir da posição de equilíbrio no instante t. Pela lei de Newton, que relaciona força, massa e aceleração, temos:

$$F = ma$$

Em que F é a força, m é a massa do objeto e a é a aceleração. Portanto, essa lei pode ser reescrita da forma:

$$mu''(t) = F(t)$$

sendo $u''(t)$ a aceleração no tempo t e $F(t)$ a força total exercida sobre o sistema.

Sobre a força total, ela pode ser decomposta em outras forças, quais sejam:

mg: peso do objeto

f_m: força da mola

f_a: força de amortecimento (dada por $-\gamma u'(t)$)

f(t): força externa (pode ser o vento, alguma forma agindo sobre a estrutura a qual a mola foi fixada, ou outras a considerar).

Dessa forma, a equação

mu''(t) = F(t)

pode ser reescrita como

mu''(t) = mg + f_m + f_a + f(t)
mu''(t) = mg − k(L + u) − yu'(t) + f(t)

Ou, ainda:

$$mu''(t) + yu'(t) + ku = f(t) \qquad (21)$$

Nesta última, mg − kL = 0.

A equação (21), de modo geral, oferece uma modelagem aproximada do deslocamento u(t), visto que deixamos de lado mais informações, como a massa da mola e a própria lei de Hooke, que oferece apenas uma aproximação para situação dada. Porém, em fase inicial, essa dedução oferece melhor compreensão sobre o que está sendo considerado.

Além disso, para fazer sentido fisicamente, é necessário acrescentar à equação (21) condições iniciais, a saber: u(0) = u_0 e u'(0) = v_0, sendo elas o deslocamento inicial e velocidade inicial, respectivamente. Nessa formulação, são garantidas, pelo Teorema 3.1, existência e unicidade de solução. Compreenda que, pelo que estudamos até o momento, podemos resolver esse tipo de equação. Nesse caso, a solução significa que é possível saber a posição do objeto (aproximadamente) em cada instante t.

3.4.1 Vibrações livres não amortecidas

Considere que f(t) = 0, ou seja, não há força externa no sistema, e, além disso, não existe amortecimento (y = 0). Note que, fisicamente, um modelo com essas características é inapropriado em circunstâncias gerais, porém, sob condições de amortecimento muito pequeno no sistema, se considerar o amortecimento igual a zero, podemos obter resultados bons em intervalos de tempo bem curtos. Sob essas condições, a equação se resume em:

mu''(t) + ku = 0

Em que, pelo que vimos (faça você mesmo as contas), obtemos como solução:

$$u(t) = c_1 \cos\left(\sqrt{\frac{k}{m}}\,t\right) + c_2 \sin\left(\sqrt{\frac{k}{m}}\,t\right)$$

O gráfico dessa função u(t) que, via de regra, oferece o movimento do objeto no instante t, mantém sua amplitude constante em todo instante t. Fisicamente, faz todo sentido, visto que, nesse sistema, não existe amortecimento; logo, o sistema não dissipa a energia dada pelo deslocamento e pela velocidade inicial.

3.4.2 Vibrações livres amortecidas

Nesse tipo de sistema, é considerado o amortecimento, mas a força externa $f(t) = 0$. Nessa configuração, o sistema é dado por:

$$mu''(t) + yu'(t) + ku = 0$$

Resolvendo essa equação (faça você mesmo as contas), é possível encontrar as raízes da equação característica dadas por:

$$r_{1,2} = \frac{-y \pm \sqrt{y^2 - 4\,km}}{2\,m}$$

Dessa forma, a depender do valor $y^2 - 4\,km$, temos o seguinte:

Se $y^2 - 4\,km > 0$, então $u(t) = c_1 e^{r_1 t} + c_2 e^{r_2 t}$

Se $y^2 - 4\,km = 0$, então $u(t) = (c_1 + c_2 t) e^{-\frac{y}{2m}t}$

Se $y^2 - 4\,km < 0$, então $u(t) = e^{-\frac{y}{2m}t}(c_1 \cos pt + c_2 \sin pt)$,

em que $p = \dfrac{\sqrt{4\,km - y^2}}{2\,m}$

Note que, sendo m, y e k positivos, segue que

$$y^2 - 4\,km < y^2 \Rightarrow r_{1,2} = \frac{-y \pm \sqrt{y^2 - 4\,km}}{2\,m} < 0$$

Desse modo, se $y^2 - 4\,km > 0$, então:

$$\lim_{t \to +\infty} u(t) = \lim_{t \to +\infty} c_1 e^{r_1 t} + c_2 e^{r_2 t} = 0$$

Se $y^2 - 4\,km = 0$, então:

$$\lim_{t \to +\infty} u(t) = \lim_{t \to +\infty} (c_1 + c_2 t) e^{-\frac{y}{2m}t} = \lim_{t \to +\infty} \frac{(c_1 + c_2 t)}{e^{\frac{y}{2m}t}} = 0$$

Nessa igualdade foi usada a regra de L'Hospital.

Se $y^2 - 4\,km < 0$, então, r_1 e r_2 são complexos, cuja solução é dada por:

$$u(t) = e^{-\frac{y}{2m}t}(c_1 \cos pt + c_2 \sin pt)$$

Assim:

$$\lim_{t \to +\infty} u(t) = \lim_{t \to +\infty} e^{-\frac{y}{2m}t}\left(c_1 \cos pt + c_2 \sin pt\right) = 0$$

Sendo o fator $(c_1 \cos pt + c_2 \sin pt)$ limitado e $\lim_{t \to +\infty} e^{-\frac{y}{2m}t} = 0$, Lima (2013) garante esse resultado. De todo modo, a solução tende a zero quando o tempo $t \to +\infty$. Fisicamente, esse resultado era esperado, pois, nesse modelo, é considerado o amortecimento, o que faz com que o sistema crie dissipação na energia gerada pelas condições iniciais de deslocamento e velocidade. Naturalmente, esse amortecimento influencia na dinâmica, fazendo-o parar com o passar do tempo.

Para conhecer mais sobre vibrações, consulte Den Hartog (1972), que consta na seção Bibliografia comentada.

Síntese

Após desenvolvimento dos métodos de resolução de equações de segunda ordem, você está apto a aplicá-los, mas é importante notar quando cada um deve ser utilizado. Para equações homogêneas com coeficientes constantes, lembre-se de que iniciamos supondo soluções da forma e^{rt}, com r real. Com essa suposição, é possível chegar à equação característica da equação diferencial dada por $ar^2 + br + c = 0$. Logo, encontrando as raízes dessa equação, é possível formar as soluções da equação diferencial em questão. Porém, como a solução é formada pelas raízes de uma equação do segundo grau, é necessário analisar cada tipo de raiz, sendo elas: raízes reais distintas, repetidas e complexas conjugadas. Desse modo, é importante observar o tipo de cada solução desenvolvida em cada caso para dar a solução exata da equação.

Em seguida, para equações não homogêneas de segunda ordem, foram desenvolvidos dois métodos: coeficientes a determinar e variação dos parâmetros. No método dos coeficientes a determinar, para equações do tipo $ay'' + by' + cy = g(t)$, são tratados apenas os casos em que a função $g(t)$ é um polinômio, exponencial com polinômio e exponencial com polinômio com função trigonométrica (seno ou cosseno). Nesse momento, é importante observar qual o tipo de caso em que a equação se encaixa e tomar a solução como a desenvolvida em cada método. Para os casos em que, eventualmente, o método dos coeficientes a determinar não é aplicável, use o método de variação dos parâmetros, tomando a solução como desenvolvida no método.

Atividades de autoavaliação

1) Aplique o método dos coeficientes a determinar para encontrar uma solução particular da equação

$y''' - 3y'' + 3y' - y = 4e^t$

Dica: faça de forma análoga para equações de ordem 2.

Agora, assinale a alternativa correta:

a. $y(t) = c_1 e^t + c_2 t e^t + c_3 t^2 e^{2t} + \dfrac{2}{3} t^3 e^t$.

b. $y(t) = c_1 e^t + c_2 t e^{2t} + c_3 t^2 e^t + \dfrac{2}{3} t^2 e^t$.

c. $y(t) = c_1 e^t + c_2 t e^t + c_3 t^2 e^t + \dfrac{2}{3} t^3 e^t$.

d. $y(t) = c_1 e^{2t} + c_2 t e^{2t} + c_3 t^2 e^{2t} + \dfrac{2}{3} t^2 e^{2t}$.

e. $y(t) = c_1 e^{2t} + c_2 t e^t + c_3 t^2 e^t + \dfrac{2}{3} t^2 e^t$.

2) Encontre a solução geral das equações a seguir:

I. $y'' + y' - 2y = 0$

II. $3z'' - 5z' + 2y = 0$

III. $64u'' - 48u' + 17u = 0$

Agora, assinale a alternativa que apresenta a sequência correta de soluções:

a. $y(t) = c_1 e^{2t} + c_2 e^{-t}$; $z(t) = c_1 e^{\frac{2}{3}t} + c_2 e^t$; $u(t) = c_1 e^{\frac{3}{8}t} + c_2 e^{-\frac{3}{8}t}$.

b. $y(t) = c_1 e^{-2t} + c_2 e^t$; $z(t) = c_1 e^{\frac{2}{3}t} + c_2 e^t$; $u(t) = c_1 e^{\frac{3}{8}t} \sin\left(\dfrac{\sqrt{2}t}{4}\right) + c_2 e^{\frac{3}{8}t} \cos\left(\dfrac{\sqrt{2}t}{4}\right)$.

c. $y(t) = c_1 e^{-2t} + c_2 e^t$; $z(t) = c_1 e^{\frac{4}{3}t} + c_2 e^t$; $u(t) = c_1 e^{\frac{3}{8}t} \sin\left(\dfrac{\sqrt{2}t}{4}\right) + c_2 e^{\frac{3}{8}t} \cos\left(\dfrac{\sqrt{2}t}{4}\right)$.

d. $y(t) = c_1 e^{2t} + c_2 e^t$; $z(t) = c_1 e^{\frac{2}{3}t} + c_2 e^t$; $u(t) = c_1 e^{-\frac{3}{8}t} \sin\left(\dfrac{\sqrt{2}t}{4}\right) + c_2 e^{-\frac{3}{8}t} \cos\left(\dfrac{\sqrt{2}t}{4}\right)$.

e. $y(t) = c_1 e^{4t} + c_2 e^{-2t}$; $z(t) = c_1 e^{\frac{2}{3}t} + c_2 e^t$; $u(t) = c_1 e^{-\frac{3}{8}t} \sin\left(\dfrac{\sqrt{2}t}{4}\right) + c_2 e^{-\frac{3}{8}t} \cos\left(\dfrac{\sqrt{2}t}{4}\right)$.

3) Encontre a solução dos seguintes PVIs:

I. $4y'' - 4y' + 5y = 0$, $y(0) = \dfrac{1}{2}$ e $y'(0) = 1$

II. $z'' - 8z' + 16z = 0$, $z(0) = \dfrac{1}{2}$ e $z'(0) = -\dfrac{1}{3}$

Assinale a alternativa que contém, respectivamente, a solução dos problemas:

a. $y(t) = \dfrac{1}{2}e^{4t} - \dfrac{7}{3}te^{4t}$; $z(t) = \dfrac{3}{4}e^{\frac{1}{2}t}\sin(t) + \dfrac{1}{2}e^{\frac{1}{2}t}\cos(t)$.

b. $y(t) = \dfrac{1}{2}e^{3t} - \dfrac{8}{3}te^{4t}$; $z(t) = \dfrac{3}{4}e^{\frac{1}{2}t}\sin(2t) + \dfrac{1}{2}e^{\frac{1}{2}t}\cos(2t)$.

c. $y(t) = \dfrac{4}{5}e^{4t} - \dfrac{7}{3}te^{4t}$; $z(t) = \dfrac{3}{8}e^{\frac{1}{2}t}\sin(t) + 2e^{\frac{1}{2}t}\cos(t)$.

d. $y(t) = \dfrac{1}{2}e^{4t} - \dfrac{7}{3}te^{4t}$; $z(t) = \dfrac{3}{4}e^{\frac{1}{2}t}\sin(2t) + \dfrac{1}{2}e^{\frac{1}{2}t}\cos(2t)$.

e. $y(t) = \dfrac{4}{5}e^{4t} - \dfrac{7}{3}te^{4t}$; $z(t) = \dfrac{3}{4}e^{\frac{1}{2}t}\sin(t) + 4e^{\frac{1}{2}t}\cos(t)$.

4) Suponha uma equação da forma:

$$y'' + p(t)y' + q(t)y = g(t) \qquad (22)$$

Seja y_1 denotando uma solução conhecida da equação homogênea associada. Considere a função $y(t) = v(t)y_1(t)$. Note que

$y'(t) = v'(t)\,y_1(t) + v(t)\,y'_1(t)$

$y''(t) = v''(t)\,y_1(t) + 2v'(t)\,y'_1(t) + v(t)\,y''_1(t)$

Sendo assim, substituindo na equação (22), usando a hipótese sobre y_1 e efetuando algumas simplificações, obtemos:

$$y_1(t)v''(t) + \bigl(2y'_1(t) + p(t)y_1(t)\bigr)v'(t) = g(t) \qquad (23)$$

Logo, a função $y(t) = v(t)y_1(t)$ satisfaz a equação (22) se $v(t)$ for solução da equação (23). Para esse método é dado o nome de *redução de ordem*. Utilizando esse método, resolva os seguintes itens:

I. $t^2 y'' - 2ty' + 2y = 4t^2$, $t > 0$ e $y_1(t) = t$

II. $t^2 y'' + 7ty' + 5y = t$, $t > 0$ e $y_1(t) = t^{-1}$

Assinale a alternativa que corresponde, respectivamente, às soluções:

a. $y(t) = c_1 t + c_2 t^2 + 4t^2 \ln t$; $y(t) = c_1 t^{-1} + c_2 t^{-5} + \frac{1}{12}t$.

b. $y(t) = c_1 t + c_2 t^3 + 4t^2 \ln t$; $y(t) = c_1 t^{-3} + c_2 t^{-5} + \frac{1}{12}t$.

c. $y(t) = c_1 t + c_2 t^2 + 4t^4 \ln t$; $y(t) = c_1 t^{-1} + c_2 t^{-5} + \frac{1}{12}t^3$.

d. $y(t) = c_1 t + c_2 t^2 + 4t^2 \ln t$; $y(t) = c_1 t^{-1} + c_2 t^{-6} + \frac{1}{12}t$.

e. $y(t) = c_1 t + c_2 t^3 + 4t^2 \ln t$; $y(t) = c_1 t^{-2} + c_2 t^{-6} + \frac{1}{12}t$.

5) Encontre uma EDO de segunda ordem com coeficientes constantes para o qual a solução geral seja:

I. $y(t) = c_1 e^t \sin(2t) + c_2 e^t \cos(2t)$

II. $y(t) = c_1 e^{e-t} + c_2 e^{-3t}$

III. $y(t) = (c_1 + c_2 t) e^{-3t}$

Assinale a alternativa que indica, respectivamente, a sequência correta das EDOs das soluções:

a. $y'' - 12y' + 5y = 0$; $y'' - 4y' + 10y = 0$; $y'' + 16y' + 9y = 0$.
b. $y'' - 2y' + 23y = 0$; $y'' - 6y' + 9y = 0$; $y'' + 4y' + 4y = 0$.
c. $y'' - 3y' + 6y = 0$; $y'' - 4y' + 6y = 0$; $y'' + 6y' + 9y = 0$.
d. $y'' - 2y' + 5y = 0$; $y'' - 4y' + 3y = 0$; $y'' + 6y' + 9y = 0$.
e. $y'' - 2y' + 6y = 0$; $y'' - 6y' + 3y = 0$; $y'' + 6y' - 4y = 0$.

6) Julgue cada uma das afirmativas como verdadeira (V) ou falsa (F).

( ) A solução geral da equação $y'' - y' - 2y = e^{-t} \sin(t)$ é
$y(t) = c_1 e^{2t} + c_2 e^{-t} + \frac{1}{10}\big[3\cos(t) - \sin(t)\big]e^{-t}$.

( ) A solução geral da equação $y'' + y = \frac{1}{\cos(x)}$ é
$y(x) = c_1 \cos(x) + c_2 \sin(x) + x\sin(x)\ln\cos(x)\cos(x)$.

( ) Dada a equação $x^2 y'' - 2xy' + 2y = x^3 \ln(x)$, $x > 0$, a solução da equação homogênea associada é $y_c(x) = c_1 x + c_2 x^2$ e uma solução particular é $y_P(x) = \frac{1}{4}x^3\big(2\ln(x) - 3\big)$.

( ) A solução geral da equação $y' + 2y' = 2x + 3e^x$ é dada por
$y(x) = c_1 + c_2 e^{-2x} + \frac{1}{2}(x^2 - x) + e^x$.

Agora, assinale a alternativa que apresenta a sequência correta:
a. V, F, V, F.
b. F, V, V, F.
c. V, V, V, V.
d. F, F, F, F.
e. V, V, V, F.

Atividades de aprendizagem

Questões para reflexão

1) O estudo de vibrações, uma das aplicações de equações diferenciais, é uma importante área, principalmente em engenharia. Nesse sentido, a proposta deste exercício é que se faça uma lista mais específica de onde equações diferenciais aplicadas ao estudo de vibrações são usadas na engenharia.

2) Neste capítulo, no momento em que introduzimos o conceito de vibrações, usamos, de forma direta, a chamada *Lei de Hooke* e a Lei de Newton. A proposta deste exercício é que você faça uma pesquisa sobre as duas leis, buscando entender melhor sua origem e aplicabilidade.

Atividade aplicada: prática

1) Neste capítulo, estudamos o método para se resolver equações diferenciais de segunda ordem com coeficientes constantes para equações homogêneas e não homogêneas, o método dos coeficientes a determinar e o método de variação dos parâmetros. Faça um fichamento referente a esses dois métodos, procure exibir pontos positivos e negativos.

Exercícios de aprendizagem

1) Responda as seguintes perguntas:
    a. Relembre o que é o wronskiano e sua utilidade no contexto apresentado neste capítulo.
    b. De forma sucinta, responda: como se resolve EDOs com coeficientes constantes?
    c. Sobre os casos a serem tratados em uma EDO de coeficientes constantes, o que influencia nos tipos de soluções?
    d. Elenque os casos tratados no método dos coeficientes a determinar.
    e. Qual a dificuldade em utilizar o método de variação dos parâmetros com relação ao método dos coeficientes a determinar?
    f. Relembre as expressões utilizadas no método de variação dos parâmetros.

2) Resolva pelo método que julgar mais conveniente:
   a. $y'' - 5y1 + 6y = 2e^{-5t}$
   b. $2y + 5y' + 51y = 0$
   c. $y'' - 5y + 6y = g(t)$, em que $g(t)$ é qualquer função contínua.

3) Para EDOs de coeficiente constante de ordem mais alta (maior que dois) homogêneas, é possível aplicar o mesmo método usado para equações de ordem dois. Sendo assim, de modo análogo ao caso tratado para ordem dois, resolva a equação

   $y''' - 3y'' + 3y' - y = 0$

   Dica: Suponha que a solução seja da forma $y(t) = e^{rt}$.

Neste capítulo, iremos abordar a teoria sobre como obter soluções de equações diferenciais ordinárias por meio de séries de potências. Você aprenderá a resolver equações de primeira e de segunda ordem.

Inicialmente, para compreender melhor o desenvolvimento do capítulo, revisaremos séries de potências. Para tratar de equações de segunda ordem, apresentaremos dois teoremas acerca da existência de soluções, sendo um para pontos ordinários e outro para pontos singulares.

Você aprenderá a utilizar esses teoremas para aumentar ainda mais a gama de equações que poderá resolver.

4

Resolução de equações diferenciais via séries de potências

4.1 Revisão de séries de potências

Nesta seção, forneceremos as ferramentas necessárias para o entendimento do método de resolução de equações diferenciais via séries de potências.

Definição 4.1

Uma expressão da forma

$$\sum_{n=0}^{\infty} a_n x^n = a_0 + a_1 x + \cdots + a_n x^n + \cdots \qquad (1)$$

é chamada *série de potência infinita na variável x* (ou simplesmente em *x*). A série

$$\sum_{n=0}^{\infty} a_n (x - x_0)^n = a_0 + a_1 (x - x_0) + \cdots + a_n (x - x_0)^n + \cdots$$

é chamada, analogamente, *série de potência em* $(x - x_0)$.

Definição 4.2

Uma série de potências $\sum_{n=0}^{\infty} a_n (x - x_0)^n$ converge em um ponto *x* se existe o limite

$$\lim_{m \to +\infty} \sum_{n=0}^{m} a_n (x - x_0)^n$$

para esse *x* em questão. Note que, para $x = x_0$, a série converge, pois o limite existe, fato que pode ou não acontecer para outros valores de *x*.

Definição 4.3

Dizemos que a série $\sum_{n=0}^{\infty} a_n (x - x_0)^n$ converge absolutamente em um ponto x, se a série

$$\sum_{n=0}^{\infty} |a_n(x-x_0)^n| = \sum_{n=0}^{\infty} |a_n| \, |(x-x_0)^n|$$

convergir. É possível mostrar que, se a série converge absolutamente, então, ela converge (Lima, 2013).

Teorema 4.1

Teste da razão: dada uma série de potência

$$\sum_{n=0}^{\infty} a_n (x - x_0)^n$$

para um valor fixo de x, temos que

$$\lim_{n \to +\infty} \left| \frac{a_{n+1}(x-x_0)^{n+1}}{a_n(x-x_0)^n} \right| = |x - x_0| \lim_{n \to +\infty} \left| \frac{a_{n+1}}{a_n} \right| = |x - x_0| L$$

Assim, a série converge absolutamente se $|x - x_0|L < 1$ e diverge se $|x - x_0|L > 1$. Caso $|x - x_0|L = 1$, o teste é inconclusivo.

Demonstração: Veja Lima (2013).

Definição 4.4

Dada uma série de potência

$$\sum_{n=0}^{\infty} a_n (x - x_0)^n$$

existem três possibilidades no que se refere à convergência:

I. A série converge apenas para $x = x_0$ (lembrando que, nesse valor, sempre converge).
II. A série converge para todo $x \in \mathbb{R}$.
III. Existe um número $\mathbb{R}$ tal que a série converge para $|x - x_0| < R$ e diverge caso contrário.

No item (III), o número R é chamado de *raio de convergência* da série.

Exemplo 4.1

Determine o raio de convergência da série de potência

$$\sum_{n=0}^{\infty} \frac{n}{2^n} x^n$$

Para isso, utilize o teste da razão enunciado no Teorema 4.1. Note que

$$\lim_{n \to +\infty} \frac{\frac{(n+1)}{2^{n+1}} x^{n+1}}{\frac{n}{2^n} x^n} = \lim_{n \to +\infty} \left| \frac{(n+1)2^n x^{n+1}}{n 2^{n+1} x^n} \right| = \left| \frac{1}{2} x \right| \lim_{n \to +\infty} \left| \frac{n+1}{n} \right| = \left| \frac{1}{2} x \right|$$

pelo teste, $\left|\frac{1}{2}x\right| < 1$, ou seja, $|x| < 2$ é o raio de convergência da série. Entretanto, para $x = 2$, temos:

$$\sum_{n=0}^{\infty} \frac{n}{2^n}(2)^n = \sum_{n=0}^{\infty} n$$

que diverge, pois

$$\lim_{m \to +\infty} \sum_{n=0}^{m} n = \infty$$

O mesmo ocorre para $x = -2$.

Definição 4.5

Suponha que a série dada pela equação (1) converge para um raio de convergência $|x| < R$ e denote a sua soma por $f(x)$, isto é:

$$f(x) = \sum_{n=0}^{\infty} a_n x^n = a_0 + a_1 x + \cdots + a_n x^n + \cdots$$

Note que f é uma função contínua (trata-se de um polinômio na variável x) e possui todas as derivadas para $|x| < R$, então:

$$f'(x) = \sum_{n=1}^{\infty} n a_n x^{n-1} = a_1 + 2a_2 x + 3a_3 x^2 + \cdots$$

$$f''(x) = \sum_{n=2}^{\infty} n(n-1) a_n x^{n-2} = 2a_2 + 3 \cdot 2 a_3 x + \cdots$$

Fazendo essas sucessivas diferenciações, é produzida uma fórmula que liga os termos a_n com $f(x)$ e suas derivadas, a saber:

$$a_n = \frac{f^n(0)}{n!} \quad (2)$$

Além disso, se existe uma segunda série de potências em x que converge para uma função $g(x)$ em $|x| < R$, teremos:

$$g(x) = \sum_{n=0}^{\infty} b_n x^n = b_0 + b_1 x + \cdots + b_n x^n + \ldots$$

Desse modo, podemos fazer:

$$f(x) \pm g(x) = \sum_{n=0}^{\infty} (a_n + b_n) x^n = (a_0 + b_0) + (a_1 + b_1)x + \ldots + (a_n + b_n)x^n + \ldots$$

Ou, ainda:

$$f(x)g(x) = \sum_{n=0}^{\infty} c_n x^n$$

Em que $c_n = a_0 b_n + a_1 b_{n-1} + \ldots + a_n b_0$. Caso existam duas séries convergentes, tais que suas respectivas somas sejam $f(x)$ e $g(x)$ com $f(x) = g(x)$ para $|x| < R$ e $R > 0$, então, teremos $a_0 = b_0$, $a_1 = b_1, \ldots, a_n = b_n$.

Definição 4.6

Seja $f(x)$ uma função contínua, com derivadas de todas as ordens para $|x| < R$ e $R > 0$. Podemos representar $f(x)$ em termos dos a_n dado na equação (2), isto é:

$$f(x) = \sum_{n=0}^{\infty} \frac{f^n(0)}{n!} x^n = f(0) + f'(0)x + \ldots + \frac{f^n(0)}{n!} x^n + \ldots \quad (3)$$

Para verificar a validade da expressão dada em (3) em um ponto x específico, é necessário utilizar a fórmula de Taylor.

Para mais detalhes, consulte Boyce e Diprima (2010).

No sentido da fórmula dada em (3), a caracterização de uma função dada via série de potência é um elemento importante na teoria de resolução de equações via séries. Um exemplo de função que tem sua expansão em séries de potência (o termo *expansão* se refere ao fato de ser possível escrever a função como somas) muito conhecida é a função exponencial, isto é, podemos escrever:

$$e^x = \sum_{n=0}^{+\infty} \frac{x^n}{n!} = 1 + x + \frac{x^2}{2} + \frac{x^3}{3} + \ldots \qquad (4)$$

Definição 4.7
Uma função $f(x)$ com a propriedade de expansão em série de potências da forma

$$f(x) = \sum_{n=0}^{+\infty} a_n (x - x_0)^n \qquad (5)$$

válida para algum ponto x_0, é dita *analítica em torno do ponto x_0*. Nesse caso, os termos a_n são dados por $a_n = \dfrac{f^n(x_0)}{n!}$. A expressão dada em (5) é dita também *série de Taylor de $f(x)$ em torno do ponto x_0*.

Um exemplo de função analítica pode ser dado pela equação (4). Nesse caso, a função é analítica em torno do ponto $x_0 = 0$, ou simplesmente dizemos *analítica em $x_0 = 0$*.

Definição 4.8
Deslocamento de índices em somatórios: em determinado momento, veremos a necessidade de fazer o deslocamento de índices nos somatórios, o que pode ser feito em qualquer momento. Por exemplo: considere a série $\sum_{n=2}^{+\infty} a_n x^n$

Note que o somatório começa em $n = 2$, porém, se considerarmos a mudança $m = n - 2$, teremos $n = m + 2$, e, nessa nova variável, para $n = 2$ teremos $m = 0$, ou seja:

$$\sum_{n=2}^{+\infty} a_n x^n = \sum_{m=0}^{+\infty} a_{m+2} x^{m+2}$$

Ainda podemos reescrever a expressão anterior, sem qualquer perda, simplesmente por

$$\sum_{n=2}^{+\infty} a_n x^n = \sum_{n=0}^{+\infty} a_{n+2} x^{n+2}$$

4.2 Soluções em série de potência de equações diferenciais de primeira ordem

Nesta seção, vamos analisar equações de primeira ordem via resolução por série de potência. Inicialmente, considere a equação dada por

$$y' = y$$

Você já sabe resolver essa equação com o que foi estudado no Capítulo 2, porém, mesmo assim, suponha que essa equação tenha solução da forma

$$y(x) = \sum_{n=0}^{+\infty} a_n x^n = a_0 + a_1 x + \ldots + a_n x^n + \ldots \qquad (6)$$

que é convergente para $|x| < R$, sendo $R > 0$. Derivando essa "solução", temos:

$$y'(x) = \sum_{n=1}^{+\infty} n a_n x^{n-1} = a_1 + 2a_2 x + \ldots + (n+1)a_{n+1} x^n + \ldots$$

Pela equação em questão, temos que $y' = y$. Assim, igualando os termos a_n nas expressões obtidas para as séries, segue:

$a_0 = a_1$, $a_1 = 2a_2$, ..., $(n+1)a_{n+1} = a_n$, ...

Ou, ainda,

$a_0 = a_1$

$a_2 = \dfrac{a_1}{2} = \dfrac{a_0}{2} = \dfrac{a_0}{2!}$

$a_3 = \dfrac{a_2}{3} = \dfrac{\frac{a_0}{2}}{3} = \dfrac{a_0}{2 \cdot 3} = \dfrac{a_0}{3!}$

$a_n = \dfrac{a_0}{n!}$

Dessa forma, podemos reescrever (6) como sendo:

$$y(x) = a_0 \left(1 + x + \frac{x^2}{2} + \ldots + \frac{x^n}{n!} + \ldots \right)$$

Da equação (4), podemos ainda escrever:

$y(x) = a_0 e^x$

Note que a expressão encontrada satisfaz a equação em questão. Veja que, sem dúvida, esse exemplo seria mais simples de resolver por outros métodos, como os vistos no Capítulo 2. No entanto, é um ótimo exemplo para observarmos o procedimento empregado na resolução de equações com série de potência.

Você deve estar se perguntando: Em quais equações seria melhor usar esse método de resolução via séries de potências? Observe que, nesse exemplo anterior, $y' = y$, os coeficientes são constantes.

Mas e se fossem funções? Exatamente para casos assim é interessante utilizar séries de potências. Veja o próximo exemplo.

Exemplo 4.2

Considere a função $y(x) = (1 + x)^p$, com p constante qualquer. Atente que y é solução para o PVI

$$\begin{cases} (1 + x)y' = py \\ y(0) = 1 \end{cases}$$

Vamos encontrar a solução já dada por série de potência. Para isso, suponha que a equação tenha solução da forma

$$y(x) = \sum_{n=0}^{+\infty} a_n x^n = a_0 + a_1 x + \ldots + a_n x^n + \ldots$$

com raio de convergência $R > 0$. Logo:

$$y'(x) = a_1 + 2a_2 x + \ldots + nx^{n-1} + (n+1)a_{n+1}x^n + \ldots$$
$$xy'(x) = a_1 x + 2a_2 x^2 + \ldots na_n x^n + \ldots$$
$$py(x) = pa_0 + pa_1 x + \ldots + pa_n x^n + \ldots$$

Ou, ainda:

$$(1+x)y' = a_1 + (2a_2 + a_1)x + \ldots + ((n+1)a_{n+1} + na_n)x^n + \ldots$$

Da equação em questão, igualando as expressões obtidas em relação a cada grau, obtemos as relações:

$$a_1 = pa_0$$
$$2a_2 + a_1 = pa_1$$
$$3a_3 + 2a_2 = pa_2$$
$$(n+1)a_{n+1} + na_n = pa_n$$

Utilizando a condição inicial do PVI, obtemos $a_0 = 1$, logo:

$$a_1 = p$$
$$a_2 = \frac{a_1(p-1)}{2} = \frac{p(p-1)}{2!}$$
$$a_3 = \frac{a_2(p-2)}{3} = \frac{p(p-1)(p-2)}{3!}$$
$$a_n = \frac{p(p-1)(p-2)\ldots(p-n+1)}{n!}$$

Assim, a solução é dada por:

$$y(x) = 1 + px + \frac{p(p-1)}{2!}x^2 + \frac{p(p-1)(p-2)}{3!}x^3 + \ldots +$$

$$+ \frac{p(p-1)(p-2)\ldots(p-n+1)}{n!}x^n + \ldots = (1+x)^p$$

conforme tínhamos anteriormente.

Você já deve ter concluído que o procedimento para obter soluções via séries de potências é sempre o mesmo. Dada uma equação, suponha que a solução seja dada por uma série de potências, aplique as derivadas conforme a equação é dada, encontre uma expressão para os coeficientes da série e, caso os coeficientes ofereçam alguma dica de qual seja a função, explicite; caso contrário, deixe apenas em termos da série.

4.3 Soluções em série de potência de equações diferenciais de segunda ordem perto de um ponto ordinário

Nesta seção, vamos considerar a equação homogênea de segunda ordem dada da forma

$$P(x)y''(x) + Q(x)y' + R(x)y = 0 \quad (7)$$

Se considerarmos o coeficiente $P(x) \neq 0$, para algum x, podemos dividir esse fator por toda a equação (7) e assim obter:

$$y''(x) + \frac{Q(x)}{P(x)}y' + \frac{R(x)}{P(x)}y = 0 \quad (8)$$

Definição 4.9

Um ponto x_0 é chamado de *ponto ordinário* da equação diferencial (7) se ambos os coeficientes da equação (8), são eles $\frac{Q(x)}{P(x)}$ e $\frac{R(x)}{P(x)}$, forem analíticos em torno de x_0. O termo *analítico* se refere ao conceito usado na Definição 4.7. Caso o ponto não for ordinário, diremos que é um *ponto singular*.

Exemplo 4.3

Considere a seguinte equação diferencial:

$$y'' + 4e^x y' + (\sin x)y = 0$$

Veja que a equação já está na forma dada pela equação (8). Note ainda que os coeficientes em questão são analíticos em $x_0 = 0$. Lembre-se da equação (4) para a função $4e^x$ e para a função $\sin x$ daremos a expressão que é da forma

$$\sin x = x - \frac{x^3}{3!} + \frac{x^5}{5!} - \frac{x^7}{7!} + \ldots = \sum_{n=0}^{+\infty} \frac{(-1)^n}{(2n+1)!} x^{2n+1}$$

Exemplo 4.4
Considere a seguinte equação diferencial:

$$y'' + xy' + (\ln x)y = 0$$

Note que já está na forma da equação (8) e que o coeficiente x é analítico. Entretanto, o coeficiente dado por $\ln x$ é descontínuo em $x = 0$ e, assim, não pode ser representado por uma série de potências em $x = 0$. Logo, não é analítica nesse ponto e, sendo assim, é um ponto singular.

Veja que, se em vez de considerarmos o coeficiente dado por x, considerarmos $\frac{1}{x}$, teríamos o mesmo problema, porque essa função deixa de ser contínua em $x = 0$, logo, não existiria série de potência em torno desse ponto.

Para dar continuidade, precisamos formalizar quando podemos buscar soluções de uma dada equação. Será que basta somente que os coeficientes sejam analíticos para garantir existência de solução? Para garantir essa necessidade, enunciaremos o próximo teorema.

Teorema 4.2
Existência de soluções em séries de potências: dada a equação diferencial

$$y''(x) + \frac{Q(x)}{P(x)} y' + \frac{R(x)}{P(x)} y = 0$$

se os coeficientes $u(x) = \frac{Q(x)}{P(x)}$ e $v(x) = \frac{R(x)}{P(x)}$ forem analíticos em x_0, então, a solução geral da equação será

$$y(x) = \sum_{n=0}^{+\infty} a_n (x - x_0)^n = a_0 y_1(x) + a_1 y_2(x)$$

Em que a_0 e a_1 são constantes e y_1 e y_2 são duas soluções em séries de potências que são analíticas em x_0. Além disso, y_1 e y_2 formam um conjunto fundamental de soluções.

Demonstração: Veja Simmons (1972).

Exemplo 4.5

Considere a equação

$$y'' + (\cos x)y = 0$$

Veja que um dos coeficientes é uma função, porém $x_0 = 0$ é um ponto ordinário da equação, uma vez que a função é analítica nesse ponto, isto é, possui expansão em série de potência dada por

$$\cos x = \sum_{k=0}^{+\infty} \frac{(-1)^k x^{2k}}{(2k)!} = 1 - \frac{x}{2!} + \frac{x^4}{4!} - \frac{x^6}{6!} + \ldots$$

Sendo assim, suponha que a solução da equação é dada por:

$$y(x) = \sum_{n=0}^{+\infty} a_n x^n$$

Segue que:

$$y'' + (\cos x)y = \sum_{n=2}^{+\infty} n(n-1)a_n x^{n-2} + \left(1 - \frac{x^2}{2!} + \frac{x^4}{4!} - \frac{x^6}{6!} + \ldots\right)\sum_{n=0}^{+\infty} a_n x^n =$$

$$= 2a_2 + 6a_3 x + 12a_4 x^2 + 20a_5 x^3 + \ldots + \left(1 - \frac{x^2}{2!} + \frac{x^4}{4!} - \frac{x^6}{6!} + \ldots\right)\left(a_0 + a_1 x + a_2 x^2 + \ldots\right) =$$

$$= (2a_2 + a_0) + (6a_3 + a_1)x + \left(12a_4 + a_2 - \frac{a_0}{2}\right)x^2 + \left(20a_5 + a_3 - \frac{a_1}{2}\right)x^3 + \ldots = 0$$

Usando igualdade de polinômios, obtemos:

$$2a_2 + a_0 = 0 \qquad\qquad 6a_3 + a_1 = 0$$

$$12a_4 + a_2 - \frac{a_0}{2} = 0 \qquad\qquad 20a_5 + a_3 - \frac{a_1}{2} = 0$$

... ...

em que resulta:

$$a_2 = -\frac{1}{2}a_0 \qquad a_3 = -\frac{1}{6}a_1$$

$$a_4 = \frac{1}{12}a_0 \qquad a_5 = \frac{1}{30}a_1$$

... ...

Sendo assim, a solução pode ser escrita como:

$$y(x) = \sum_{n=0}^{+\infty} a_n x^n = a_0 + a_1 x + a_2 x^2 + \ldots =$$

$$= a_0 + a_1 x - \frac{1}{2} a_0 x^2 - \frac{1}{6} a_1 x^3 + \frac{1}{12} a_0 x^4 + \frac{1}{30} a_1 x^5 + \ldots =$$

$$= a_0 \left[1 - \frac{1}{2} x^2 + \frac{1}{12} x^4 - \ldots \right] + a_1 \left[x - \frac{1}{6} x^3 + \frac{1}{30} x^5 - \ldots \right] =$$

$$= a_0 y_1(x) + a_1 y_2(x)$$

Em que as funções y_1 e y_2, dadas por

$$y_1(x) = 1 - \frac{1}{2} x^2 + \frac{1}{12} x^4 - \ldots$$

$$y_2(x) = x - \frac{1}{6} x^3 + \frac{1}{30} x^5 - \ldots$$

formam um conjunto fundamental de soluções (use novamente o Teorema 3.5 do Capítulo 3 para verificar).

Exemplo 4.6

Equação de Legendre: proposta feita pelo francês Adrien-Marie Legendre (1752-1833), as soluções das equações de Legendre apareceram pela primeira vez nos estudos de atração de esferoides. Tal equação é dada por:

$$(1 - x^2) y'' - 2xy' + \alpha(\alpha + 1)y = 0, \alpha \in \mathbb{R}$$

Observe que os coeficientes são dados por $u(x) = -\frac{2x}{1-x^2}$ e $v(x) = \frac{\alpha(\alpha+1)}{1-x^2}$, que são analíticas na origem ($x_0 = 0$), portanto, trata-se de um ponto ordinário e, pelo Teorema 4.2, existe solução da forma

$$y(x) = \sum_{n=0}^{+\infty} a_n x^n$$

Ou, ainda:

$$y'(x) = \sum_{n=1}^{+\infty} n a_n x^{n-1}$$

$$y''(x) = \sum_{n=2}^{+\infty} n(n-1) a_n x^{n-2}$$

Substituindo as expressões para y, y' e y'' na equação em questão, temos:

$$\sum_{n=2}^{+\infty} n(n-1)a_n x^{n-2} - \sum_{n=2}^{+\infty} n(n-1)a_n x^n - 2x\sum_{n=1}^{+\infty} na_n x^{n-1} + \alpha(\alpha+1)\sum_{n=0}^{+\infty} a_n x^n = 0$$

Ou, ainda, fazendo algumas mudanças nos índices do somatório:

$$\sum_{n=0}^{+\infty} (n+2)(n+1)a_{n+2} x^n - \sum_{n=2}^{+\infty} n(n-1)a_n x^n - \sum_{n=1}^{+\infty} 2na_n x^n + \alpha(\alpha+1)\sum_{n=0}^{+\infty} a_n x^n = 0$$

Logo, para os coeficientes de x^0 e x^1, temos:

$$a_2 = -\frac{\alpha(\alpha+1)}{2!}a_0, \quad a_3 = \frac{(\alpha-1)(\alpha+2)}{3!}a_1$$

Para $n \geq 2$, temos a seguinte relação de recorrência:

$(n+2)(n+1)a_{n+2} - n(n-1)a_n - 2na_n + \alpha(\alpha+1)a_n = 0$

$(n+2)(n+1)a_{n+2} = n(n-1)a_n + 2na_n - \alpha(\alpha+1)a_n = 0$

$(n+2)(n+1)a_{n+2} = -(a-n)(\alpha+n+1)a_n$.

Dessa maneira, obtemos:

$$4 \cdot 3 a_4 = -a_2(\alpha-2)(\alpha+3) \Rightarrow a_4 = -\frac{\alpha(\alpha-2)(\alpha+1)(\alpha+3)}{4!}a_0$$

$$5 \cdot 4 a_5 = -a_3(\alpha-3)(\alpha+4) \Rightarrow a_5 = \frac{(\alpha-1)(\alpha-3)(\alpha+2)(\alpha+4)}{5!}a_1$$

Ocorre, de modo análogo, para o restante. Desse modo, a solução será dada por:

$$y(x) = a_0 \left[+1 - \frac{\alpha(\alpha+1)}{2!}x^2 + \frac{\alpha(\alpha-2)(\alpha+1)(\alpha+3)}{4!}x^4 - \right.$$

$$\left. - \frac{\alpha(\alpha-2)(\alpha-4)(\alpha+1)(\alpha+3)(\alpha+5)}{6!}x^6 + \ldots \right] +$$

$$+ a_1 \left[x - \frac{(\alpha-1)(\alpha+2)}{3!}x^3 + \frac{(\alpha-1)(\alpha-3)(\alpha+2)(\alpha+4)}{5!}x^5 - \ldots \right]$$

Note que, a partir da solução acima, é possível extrair duas soluções, a saber:

$$y_1(x) = a_0 \left[1 - \frac{\alpha(\alpha+1)}{2!}x^2 + \frac{\alpha(\alpha-2)(\alpha+1)(\alpha+3)}{4!}x^4 - \right.$$

$$\left. - \frac{\alpha(\alpha-2)(\alpha-4)(\alpha+1)(\alpha+3)(\alpha+5)}{6!}x^6 + \ldots \right]$$

e

$$y_2(x) = a_1\left[x - \frac{(\alpha-1)(\alpha+2)}{3!}x^3 + \frac{(\alpha-1)(\alpha-3)(\alpha+2)(\alpha+4)}{5!}x^5 - \ldots\right]$$

Veja que essas duas soluções formam um conjunto fundamental de soluções para a equação em questão, visto que (tomando $a_0 = a_1 = 1$):

$y_1(0) = 1$, $y'_1(0) = 0$
$y_2(0) = 0$, $y'_2(0) = 1$

Além disso:

$$W(y_1, y_2)(0) = \begin{vmatrix} y_1(0) & y_2(0) \\ y'_1(0) & y'_2(0) \end{vmatrix} = \begin{vmatrix} 1 & 0 \\ 0 & 1 \end{vmatrix} = 1$$

Sendo assim, utilizando o Teorema 3.5 do Capítulo 3, segue o resultado.

Ademais, note que, tomando $\alpha = 1$,

$$y_1(x) = a_0\left[1 - x^2 - \frac{(2)(4)}{4!}x^4 - \ldots\right]$$

$$y_2(x) = a_1 x$$

Tomando $\alpha = 2$, segue

$$y_1(x) = a_0\left[1 - 3x^2\right]$$

$$y_2(x) = a_1\left[x - \frac{4}{3!}x^3 + \ldots\right]$$

Tomando $\alpha = 3$, segue

$$y_1(x) = a_0\left[1 - 2x^2 + \ldots\right]$$

$$y_2(x) = a_1\left[x - \frac{5}{3}x^3\right]$$

Tomando $\alpha = 4$, segue

$$y_1(x) = a_0\left[1 - 10x^2 + \frac{35}{3}x^4\right]$$

$$y_2(x) = a_1\left[x - 3x^3 + \ldots\right]$$

Note que, com base nesses valores, podemos concluir, de forma indutiva, que:

> Se a for um inteiro positivo par, então, y_1 será finita com o polinômio de grau α e a solução dada em y_2 terá uma soma infinita. Porém, se α for um inteiro positivo ímpar, y_1 será infinita e y_2 será um polinômio de grau α.

As soluções que têm os termos com polinômios finitos são dadas por:

$$y_2(x) = a_1 x$$

$$y_1(x) = a_0\left[1 - 3x^2\right]$$

$$y_2(x) = a_1\left[x - \frac{5}{3}x^3\right]$$

$$y_1(x) = a_0\left[1 - 10x^2 + \frac{35}{3}x^4\right]$$

dentre outros. Neste momento, temos de escolher quais serão as constantes α_0 e α_1. Para isso, conforme é definido em Zill e Cullen (2016), para $\alpha = 0$, escolha $\alpha_0 = 1$, e para $\alpha = 2, 4, 6, \ldots$, escolha

$$a_0 = (-1)^{\frac{n}{2}} \frac{1 \cdot 3 \cdot \ldots \cdot (n-1)}{2 \cdot 4 \cdot \ldots \cdot \alpha}$$

Além disso, para $\alpha = 1$, escolha $\alpha_0 = 1$, e para $\alpha = 3, 5, 7, \ldots$, escolha

$$a_1 = (-1)^{\frac{n-1}{2}} \frac{1 \cdot 3 \cdot \ldots \cdot n}{2 \cdot 4 \cdot \ldots \cdot (n-1)}$$

Desse modo, com essas escolhas, podemos resumir e enumerar os seguintes polinômios:

$$P_0(x) = 1$$

$$P_1(x) = x$$

$$P_2(x) = \frac{1}{2}\left(3x^2 - 1\right)$$

$$P_3(x) = \frac{1}{2}\left(5x^2 - 3x\right)$$

$$P_4(x) = \frac{1}{8}\left(35x^4 - 30x^2 + 3\right)$$

dentre todos os outros. Além disso, note que esses polinômios foram gerados tendo em vista que são soluções da equação de Legendre para valores de $a = 0, 1, 2, 3, \ldots$ Esses polinômios, dados por $P_0, P_1, P_2, \ldots$, são ditos *polinômios de Legendre*.

Em seguida, veremos como resolver uma equação diferencial quando o ponto a ser tratado não é um ponto ordinário.

4.4 Soluções em torno de pontos singulares

Dada uma equação diferencial na forma

$$y'' + P(x)y' + Q(x)y = 0 \qquad (9)$$

classificaremos um ponto singular $x = x_0$ de duas maneiras.

Definição 4.10

Diremos que um ponto $x = x_0$ é um *ponto singular regular* da equação (9) se as funções

$$p(x) = (x - x_0)P(x)$$
$$q(x) = (x - x_0)^2 Q(x)$$

forem, ambas, analíticas em x_0. Além disso, um ponto que não seja singular regular é dito *ponto singular irregular*.

Exemplo 4.7

Considere a seguinte equação:

$$(x^2 - 9)^2 y'' + 3(x - 3)y' + 5y = 0$$

Note que podemos reescrever a equação da forma

$$y'' + 3\frac{(x-3)}{(x^2-9)^2}y' + \frac{5}{(x^2-9)}y = 0$$

Desse modo, os pontos $x = -3$ e $x = 3$ são pontos singulares, pois são pontos de descontinuidade dos coeficientes da equação. Resta ver se são regulares ou irregulares.

Os coeficientes são dados por:

$$P(x) = 3\frac{(x-3)}{(x^2-9)^2} = \frac{3}{(x-3)^2(x+3)^2}$$

$$Q(x) = \frac{5}{(x^2-9)} = \frac{5}{(x-3)^2(x+3)^2}$$

Note que o ponto $x_0 = 3$ é um ponto singular regular, pois, conforme a Definição 4.10, temos:

$$p(x) = (x - 3)P(x) = \frac{3}{(x + 3)^2}$$

$$q(x) = (x - 3)^2 Q(x) = \frac{5}{(x + 3)^2}$$

Em que ambas são analíticas em $x_0 = 3$, porém o ponto $x_1 = -3$ é um ponto singular irregular, visto que

$$p(x) = (x + 3)P(x) = \frac{3}{(x - 3)(x + 3)}$$

não é contínua em $x = -3$. Sendo assim, não é analítica.

Para ampliar seu conhecimento acerca de funções analíticas, indicamos Brown e Churchill (2015), como você poderá conferir na seção Bibliografia comentada.

Exemplo 4.8

Equação de Euler: a equação de Euler é dada por:

$$x^2 y'' + \alpha x y' + \beta y = 0 \qquad (10)$$

Em que α e β são constantes reais e, por enquanto, $x > 0$.

Note que a equação (10) pode ser reescrita da forma:

$$y'' + \frac{\alpha}{x} y' + \frac{\alpha}{x^2} y = 0$$

De modo que podemos escrever:

$$P(x) = \frac{\alpha}{x}$$

$$Q(x) = \frac{\beta}{x^2}$$

Observe que o ponto $x_0 = 0$ é um ponto singular regular, pois

$$p(x) = xP(x) = \alpha$$
$$q(x) = x^2 Q(x) = \beta$$

são analíticas. Além disso, para a equação (10), suponha uma candidata à solução da forma $y(x) = x^r$, em que $r \in \mathbb{R}$ (semelhante ao que fizemos para equações diferenciais de segunda ordem com coeficientes constantes no Capítulo 3). Sendo assim:

$y'(x) = rx^{r-1}$
$y''(x) = r(r-1)x^{r-2}$

Substituindo esses valores na equação (10) e fazendo algumas simplificações, temos:

$$x^r\left[r(r-1) + \alpha r + \beta\right] = 0$$

Assim, $x^r = 0$ ou $r(r-1) + \alpha r + \beta = 0$. O caso $x^r = 0$ não é interessante, visto que assim estaríamos considerando soluções nulas; logo, o caso a ser tratado é quando $r(r-1) + \alpha r + \beta = 0$. Desse modo, teremos que as raízes dessa equação são dadas por:

$$r_{1,2} = \frac{-(\alpha-1) \pm \sqrt{(\alpha-1)^2 - 4\beta}}{2}$$

De forma análoga ao feito no Capítulo 3, devemos tratar três casos possíveis com relação aos tipos de raízes. São eles: raízes reais distintas, raízes complexas conjugadas e raízes repetidas.

Raízes reais distintas

Esse é o caso em que $r_1 \neq r_2$ com

$(\alpha - 1)^2 - 4b > 0$

Assim, as soluções serão dadas por $y_1(x) = x^{r_1}$ e $y_2(x) = x^{r_2}$. Atente que o wronskiano é

$$W(y_1, y_2) = \begin{vmatrix} x^{r_1} & x^{r_2} \\ r_1 x^{r_1-1} & r_2 x^{r_2-1} \end{vmatrix} = (r_2 - r_1)x^{r_1+r_2-1} \neq 0 \text{ pois } r_1 \neq r_2 \text{ e } x > 0.$$

Portanto, $y(x) = c_1 x^{r_1} + c_2 x^{r_2}$ também é solução.

Raízes reais repetidas

Esse é o caso em que

$(\alpha - 1)^2 - 4b = 0$

Assim, as raízes são dadas por:

$$r_1 = r_2 = -\frac{\alpha - 1}{2}$$

dando origem a apenas uma solução $y_1(x) = x^{r_1}$. De modo geral, gostaríamos de obter duas soluções para, em seguida, verificar a propriedade do wronskiano e, dessa forma, tomar a combinação linear de ambas, formando a solução geral da equação.

Assim, de modo análogo ao feito no caso de raízes repetidas para equações diferenciais com coeficientes constantes, do Capítulo 3, tomemos outra solução da forma

$$y_2(x) = v(x)y_1(x)$$

com a função $v(x)$ a ser determinada. Calculando as derivadas de primeira e segunda ordem, segue que

$$y'_2(x) = v'(x)y_1(x) + v(x)y'_1(x)$$
$$y''_2(x) = v''(x)y_1 + 2v'(x)y'_1(x) + vy''_1(x)$$

Substituindo esses valores na equação (10) e usando o fato de que a função $y_1(x)$ é solução da equação, após algumas simplificações, é possível obter a expressão:

$$xv'' + v'' = 0 \qquad (11)$$

Fazendo $p(x) = v'(x)$, segue que $p'(x) = v''(x)$ e, portanto, substituindo em (11):

$$xp' + p = 0 \qquad (12)$$

Logo, da equação (12), segue que a solução é

$$p(x) = \frac{c_1}{x}$$

Voltando para a variável v, segue que

$$v'(x) = \frac{c_1}{x} \Rightarrow v(x) = c_1 \ln x + c_2$$

Apenas para simplificar a expressão, tomemos $c_1 = 1$ e $c_2 = 0$, obtendo, assim, a solução $v(x) = \ln x$. Substituindo a função v na expressão y_2, temos que $y_2(x) = x^{r_1} \ln x$, com $x > 0$
Da mesma forma, note que

$$W(y_1, y_2) = \begin{vmatrix} x^{r_1} & x^{r_1} \ln x \\ r_1 x^{r_1-1} & r_1 x^{r_1-1} \ln x + \frac{x^{r_1}}{x} \end{vmatrix} = x^{2r_1-1} \neq 0$$

Sendo assim, podemos tomar a combinação das duas soluções e formar a solução geral dada por:

$$y(x) = (c_1 + c_2 \ln x) x^{r_1}, \; x > 0$$

Raízes complexas conjugadas

Esse é o caso em que

$(\alpha - 1)^2 - 4b < 0$

Isso implica duas raízes da forma

$r_1 = a + ib$
$r_2 = a - ib$

para $a, b \in \mathbb{R}$ e $b \neq 0$. Note que $x^r = e^{r \ln x}$ se $x > 0$ e $r \in \mathbb{R}$. Além disso,

$$x^{r_1} = x^{a+ib} = e^{(a+ib)\ln x} = e^{a\ln x}e^{ib\ln x} = x^a e^{ib\ln x} =$$
$$= x^a \left[\cos(b \ln x) + i\sin(b \ln x)\right] \tag{13}$$

De forma análoga para x^{r_2}, é possível escrever a solução x^{r_1} e x^{r_2} em termos do que encontramos em (13). Por cálculo similar ao feito antes, é possível concluir que $W(y_1, y_2) \neq 0$, assim, tomemos a solução geral da forma

$y(x) = c_1 x^{r_1} + c_2 x^{r_2}$

Além disso, é possível simplificar ainda mais essa expressão, análogo ao feito no Capítulo 3 para equações diferenciais com coeficientes constantes, isto é, é possível separar a parte real e imaginária e inserir alguns termos extras nas constantes c_1 e c_2. Com esse procedimento, é possível obter a solução:

$y(x) \, c_1 x^a \cos(b \ln x) + c_2 x^a \sin(b \ln x), \, x > 0$

Note que todas as soluções obtidas em cada caso são para $x > 0$. Para estender em valores de $x < 0$, considere a mudança $x = -z$, para $z > 0$ e $y = u(z)$ Assim, pela regra da cadeia, segue que

$$\frac{dy}{dx} = \frac{du}{dz}\frac{dz}{dx} = -\frac{du}{dz}$$

$$\frac{d^2y}{dx^2} = \frac{d}{dx}\left(\frac{dy}{dx}\right) = \frac{d}{dx}\left(-\frac{du}{dz}\right) = \frac{d}{dz}\left(-\frac{du}{dz}\right)\frac{dz}{dx} = \frac{d^2u}{dz^2}$$

Logo, tendo em vista a equação (10) e as expressões das derivadas vistas anteriormente, segue que

$$z^2\frac{d^2u}{dz^2} + \alpha z\frac{du}{dz} + \beta u = 0, \, z > 0$$

Veja que é exatamente o mesmo problema que resolvemos nesta seção, porém, para $x < 0$. De modo geral, podemos combinar esses dois resultados e considerar apenas $|x|$. Resumiremos os resultados elencados no teorema a seguir.

Teorema 4.3
Dada a equação de Euler

$$x^2 y'' + \alpha x y' + \beta y = 0 \tag{14}$$

em qualquer intervalo fora da origem, a solução geral da equação (14) é dada por

$$y(x) = c_1 |x|^{r_1} + c_2 |x|^{r_2}$$

se as raízes $(r_1$ e $r_2)$ da equação

$$r(r-1) + \alpha r + \beta = 0 \tag{15}$$

são reais distintas. Porém, caso as raízes de (15) sejam reais repetidas ($r_1 = r_2$), a solução geral de (14) é dada por:

$$y(x) = (c_1 + c_2 \ln x)|x|^{r_1}$$

Além disso, caso as raízes de (15) sejam complexas conjugadas, isto é, $r_{1,2} = a \pm ib$, a solução geral de (14) é dada por:

$$y(x) = |x|^a [c_1 \cos(b \ln |x|) + c_2 \sin(b \ln |x|)]$$

Note que, como vimos na Definição 10, se considerarmos uma equação da forma (apenas uma variação da equação (9))

$$P(x)y'' + Q(x)y' + R(x)y = 0 \tag{16}$$

numa vizinhança de um ponto singular regular $x_0 = 0$ (basta considerar a origem, pois, caso não seja, faça uma translação $x - x_0$) teremos que

$$p(x) = x\frac{Q(x)}{P(x)}$$

$$q(x) = x^2 \frac{R(x)}{P(x)}$$

são analíticas em $x = 0$, ou seja, admitem ser escritas como séries de potências da forma

$$p(x) = \sum_{n=0}^{+\infty} p_n x^n$$

$$q(x) = \sum_{n=0}^{+\infty} q_n x^n$$

para algum intervalo com $|x| < R$, sendo $R > 0$ o raio de convergência.

Sendo assim, podemos escrever a equação (16) da forma

$$x^2 y'' + x^2 \frac{Q(x)}{P(x)} y' + x^2 \frac{R(x)}{P(x)} y = 0$$

Ou, ainda:

$$x^2 y'' + x p(x) y' + q(x) y = 0$$

E, finalmente:

$$x^2 y'' + x \left(\sum_{n=0}^{+\infty} p_n x^n \right) y' + \left(\sum_{n=0}^{+\infty} q_n x^n \right) y = 0$$

Note que, se os termos envolvidos nas duas séries forem todos nulos, exceto p_0 e q_0 e, teremos que a equação resultante será

$$x^2 y'' + x p_0 y' + q_0 y = 0$$

Veja que essa última equação é da forma de uma equação de Euler, tratada anteriormente. Evidentemente, nem sempre teremos uma série em que, excetuando-se o primeiro, todos os outros termos da sequência sejam nulos. Entretanto, para a solução da equação a ser procurada, é natural que sejam soluções da forma das soluções da equação de Euler, visto a semelhança entre ambas, isto é, queremos dizer que a candidata à solução da equação (16) é dada por:

$$y(x) = x^r \left[a_0 + a_1 x + \ldots + a_n x^n + \ldots \right] = x^r \sum_{n=0}^{+\infty} a_n x^n = \sum_{n=0}^{+\infty} a_n x^{n+r}$$

Essa caracterização foi proposta pelo matemático Ferdinand Georg Frobenius (1849-1917), cujo resultado iremos resumir no teorema seguinte.

Teorema 4.4

Teorema de Frobenius: se $x = x_0$ for um ponto singular regular da equação

$$P(x) y'' + Q(x) y' + R(x) y = 0$$

então, existirá, pelo menos, uma solução da forma

$$y = (x - x_0)^r \sum_{n=0}^{+\infty} a_n (x - x_0)^n = \sum_{n=0}^{+\infty} a_n (x - x_0)^{n+r}$$

Em que $r \in \mathbb{R}$ é uma constante a determinar. Além disso, a série convergirá em $0 < x - x_0 < R$.
Demonstração: Veja Simmons (1972).

Note que o teorema usa a expressão "pelo menos uma solução", pois, ao contrário do teorema enunciado para soluções em torno de pontos ordinários, a natureza desse tipo de ponto (singular regular) não assegura existir duas soluções na forma como é dada no teorema de Frobenius. Além disso, o procedimento para obter soluções é totalmente similar ao feito para pontos ordinários, a única diferença é a suposição inicial de solução, que, nesse momento, será a utilizada no teorema de Frobenius. Uma tarefa extra será a determinação do número r, e este, caso não seja um inteiro não negativo, não caracteriza solução em série de potência. Vejamos um exemplo a seguir.

Exemplo 4.9

Considere a seguinte equação:

$$3xy'' + y' - y = 0$$

Note que a equação pode ser reescrita como:

$$y'' + \frac{1}{3x}y' - \frac{1}{3x}y = 0$$

Em que $P(x) = \frac{1}{3x}$ e $Q(x) = -\frac{1}{3x}$. Além disso, para $x_0 = 0$, temos:

$$p(x) = xP(x) = \frac{1}{3}$$

$$q(x) = x^2 Q(x) = -\frac{x}{3}$$

Em que ambas as funções p e q são analíticas, portanto, o ponto $x_0 = 0$ é um ponto singular regular. Sendo assim, pelo teorema de Frobenius, podemos supor uma solução da forma:

$$y(x) = \sum_{n=0}^{+\infty} a_n x^{n+r}$$

Assim, tendo em vista a equação em questão, devemos encontrar y' e y''. Logo:

$$y' = \sum_{n=0}^{+\infty} (n + r)a_n x^{n+r-1}$$

$$y'' = \sum_{n=0}^{+\infty} (n + r)(n + r - 1)a_n x^{n+r-2}$$

Dessa forma:

$$3xy'' + y' - y = 3x\left[\sum_{n=0}^{+\infty}(n+r)(n+r-1)a_n x^{n+r-2}\right] + \sum_{n=0}^{+\infty}(n+r)a_n x^{n+r-1} - \sum_{n=0}^{+\infty}a_n x^{n+r} = 0$$

Ou, ainda:

$$3\left[\sum_{n=0}^{+\infty}(n+r)(n+r-1)a_n x^{n+r-1}\right] + \sum_{n=0}^{+\infty}(n+r)a_n x^{n+r-1} - \sum_{n=0}^{+\infty}a_n x^{n+r} = 0$$

E finalmente:

$$\sum_{n=0}^{+\infty}\left[3(n+r)(n+r-1) + (n+r)\right]a_n x^{n+r-1} - \sum_{n=0}^{+\infty}a_n x^{n+r} = 0$$

Podemos simplificar ainda mais essa expressão fazendo uma mudança de índices para $n = k + 1$, deixando da forma:

$$x^r\left[(3r-2)ra_0 x^{-1} + \sum_{k=0}^{+\infty}\left[\left[3(k+r+1)(k+r) + (k+r+1)\right]a_{k+1} - a_k\right]x^k\right] = 0$$

Assim, teremos: $r(3r - 2)a_0 = 0$ e

$$\left[3(k+r+1)(k+r) + (k+r+1)\right]a_{k+1} - a_k = 0, \quad k = 0, 1, \ldots$$

Ou, ainda:

$r(3r - 2)a_0 = 0$

$(k + r + 1)(3k + 3r + 1)a_{k+1} - a_k = 0$

Assim, supondo $a_0 \neq 0$, teremos:

$r(3r - 2) = 0$

$$a_{k+1} = \frac{a_k}{(k+r+1)(3k+3r+1)}, \quad k = 0, 1, \ldots$$

Logo, da equação anterior envolvendo r, teremos dois valores que a satisfazem, que são:

$r_1 = 0$

$r_2 = \dfrac{2}{3}$

Desse modo, para os valores envolvendo a_{k+1} e a_k teremos duas relações de acordo com cada valor de r, ou seja:

$$r_1 = 0 \Rightarrow a_{k+1} = \frac{a_k}{(k+1)(3k+1)}, \quad k = 0, 1, \ldots$$

$$r_2 = \frac{2}{3} \Rightarrow a_{k+1} = \frac{a_k}{(3k+5)(k+1)}, \quad k = 0, 1, \ldots$$

Com isso, teremos:

$r_1 = 0 \Rightarrow a_{k+1} = \dfrac{a_k}{(k+1)(3k+1)}$, $k = 0, 1, \ldots$ $\qquad$ $r_2 = \dfrac{2}{3} \Rightarrow a_{k+1} = \dfrac{a_k}{(3k+5)(k+1)}$, $k = 0, 1, \ldots$

$a_1 = \dfrac{a_0}{1 \cdot 1}$, $k = 0$ $\qquad\qquad\qquad\qquad\qquad\qquad$ $a_1 = \dfrac{a_0}{5 \cdot 1}$, $k = 0$

$a_2 = \dfrac{a_1}{2 \cdot 4} = \dfrac{a_0}{2! \, 1 \cdot 4}$, $k = 1$ $\qquad\qquad\qquad$ $a_2 = \dfrac{a_1}{2 \cdot 8} = \dfrac{a_0}{2! \, 5 \cdot 8}$, $k = 1$

$a_3 = \dfrac{a_2}{3 \cdot 7} = \dfrac{a_0}{3! \, 1 \cdot 4 \cdot 7}$, $k = 2$ $\qquad\qquad$ $a_3 = \dfrac{a_2}{3 \cdot 11} = \dfrac{a_0}{3! \, 5 \cdot 8 \cdot 11}$, $k = 2$

$a_4 = \dfrac{a_3}{4 \cdot 10} = \dfrac{a_0}{4! \, 1 \cdot 4 \cdot 7 \cdot 10}$, $k = 3$ $\qquad$ $a_4 = \dfrac{a_3}{4 \cdot 14} = \dfrac{a_0}{4! \, 5 \cdot 8 \cdot 11 \cdot 15}$, $k = 3$

$a_n = \dfrac{a_0}{n! \, 1 \cdot 4 \cdot 7 \cdot \ldots \cdot (3n-2)}$, $k = n-1$ $\qquad$ $a_n = \dfrac{a_0}{n! \, 5 \cdot 8 \cdot 11 \cdot \ldots \cdot (3n+2)}$, $k = n-1$

Sendo assim, as soluções são:

$$y_1(x) = x^{\frac{2}{3}}\left[1 + \sum_{n=1}^{+\infty} \dfrac{1}{n! \, 5 \cdot 8 \cdot 11 \cdot \ldots \cdot (3n+2)} x^n\right]$$

$$y_2(x) = x^0\left[1 + \sum_{n=1}^{+\infty} \dfrac{1}{n! \, 1 \cdot 4 \cdot 7 \cdot \ldots \cdot (3n-2)} x^n\right]$$

Observe que ambas as soluções estão bem definidas para valores $|x| < +\infty$. De fato, pelo teste da razão (Teorema 4.1, deste capítulo), para a série envolvida na solução y_1 (denote por $a_n = \dfrac{1}{n! \, 5 \cdot 8 \cdot 11 \cdot \ldots \cdot (3n+2)} x^n$), temos:

$$\lim_{n \to +\infty}\left|\dfrac{a_{n+1}}{a_n}\right| = \lim_{n \to +\infty}\left|\dfrac{n! \, 1 \cdot 4 \cdot 7 \cdot \ldots \cdot (3n-2)}{(n+1)! \, 5 \cdot 8 \cdot 11 \cdot \ldots \cdot (3n+5)}\right| = 0$$

De forma análoga para a solução y_2, concluímos que as soluções estão bem definidas. Como essas soluções não são múltiplas, segue que a combinação linear delas também é uma solução, isto é:

$y(x) = C_1 y_1(x) + C_2 y_2(x)$

Síntese

Você conheceu, neste capítulo, o método de resolução de equações diferenciais via série de potências. Você viu que uma expressão da forma

$$\sum_{n=0}^{\infty} a_n x^n = a_0 + a_1 x + \ldots + a_n x^n + \ldots$$

é chamada de *série de potências infinita na variável x* e que ela converge num ponto x se o limite $\lim_{m \to +\infty} \sum_{n=0}^{m} a_n x^n$ existir. Para equações de primeira ordem, vimos que, para resolver uma determinada equação, devemos supor, inicialmente, uma solução em forma de série de potência da forma

$$y(x) = \sum_{n=0}^{+\infty} a_n x^n = a_0 + a_1 x + \ldots + a_n x^n + \ldots$$

Em seguida, devemos considerar um intervalo R de convergência, substituir a solução suposta na equação e encontrar relações para os coeficientes $a_0, a_1, \ldots$ Entretanto, para equações diferencias de segunda ordem, existem algumas peculiaridades. A equação deve ser analisada segundo seus coeficientes para ser possível classificar pontos ordinários ou singulares. Para esses casos, existem teoremas de existência que garantem como a solução da respectiva equação deve ser tomada em cada caso.

Atividades de autoavaliação

1) Resolva as equações dadas nos itens a seguir:
   I. $x^2 y'' + 4xy' + 2y = 0$
   II. $x^2 z'' + 6xz' - z = 0$
   III. $2x^2 w'' - 4xw' + 6w = 0$

   Agora, assinale a alternativa que apresenta a sequência correta de soluções:

   a. $y(x) = c_1 x^{-3} + c_2 x^{-1}$; $z(x) = c_1 x^{\frac{-5+\sqrt{29}}{2}} + c_2 x^{\frac{-5-\sqrt{29}}{2}}$;

   $w(x) = c_1 x^{-\frac{3}{2}} \sin\left(\frac{1}{2}\sqrt{3}\ln x\right) + c_2 x^{\frac{3}{2}} \cos\left(\frac{1}{2}\sqrt{3}\ln x\right)$.

   b. $y(x) = c_1 x^{-1} + c_2 x^2$; $z(x) = c_1 x^{\frac{-5+\sqrt{29}}{2}} + c_2 x^{\frac{5-\sqrt{29}}{2}}$;

   $w(x) = c_1 x^{\frac{3}{2}} \sin\left(\frac{1}{2}\sqrt{3}\ln x\right) + c_2 x^{\frac{3}{2}} \cos\left(\frac{1}{2}\sqrt{3}\ln x\right)$.

   c. $y(x) = c_1 x^{-1} + c_2 x^{-2}$; $z(x) = c_1 x^{\frac{-5+\sqrt{29}}{2}} + c_2 x^{\frac{-5-\sqrt{29}}{2}}$;

   $w(x) = c_1 x^{\frac{3}{2}} \sin\left(\frac{1}{2}\sqrt{3}\ln x\right) + c_2 x^{\frac{3}{2}} \cos\left(\frac{1}{2}\sqrt{3}\ln x\right)$.

d. $y(x) = c_1 x^{-1} + c_2 x^2$; $z(x) = c_1 x^{\frac{-5+\sqrt{29}}{2}} + c_2 x^{\frac{5-\sqrt{29}}{2}}$;

$$w(x) = c_1 x^{\frac{3}{2}} \sin\left(\frac{1}{2}\sqrt{3}\ln x\right) + c_2 x^{\frac{3}{2}} \cos\left(\frac{1}{2}\sqrt{3}\ln x\right).$$

e. $y(x) = c_1 x^{-2} + c_2 x^2$; $z(x) = c_1 x^{\frac{-5+\sqrt{29}}{4}} + c_2 x^{\frac{5-\sqrt{29}}{4}}$;

$$w(x) = c_1 x^{\frac{3}{2}} \sin\left(\frac{1}{2}\sqrt{3}\ln x\right) + c_2 x^{\frac{3}{2}} \cos\left(\frac{1}{2}\sqrt{3}\ln x\right).$$

2) Assinale a alternativa em que é dada a solução geral da equação de Airy: $y'' - xy = 0$, com $-\infty < x < +\infty$.

a. $y = a_0\left(1 + \dfrac{x^3}{2\cdot 3} + \dfrac{x^6}{2\cdot 3\cdot 5\cdot 6} + \ldots + \dfrac{x^{3n}}{2\cdot 3\cdot \ldots \cdot (3n-1)(3n)} + \ldots\right) +$

$+ a_1\left(x + \dfrac{x^4}{3\cdot 4} + \dfrac{x^7}{3\cdot 4\cdot 6\cdot 7} + \ldots + \dfrac{x^{3n+1}}{3\cdot 4\cdot \ldots \cdot (3n)(3n+1)} + \ldots\right).$

b. $y = a_0\left(1 + \dfrac{x^6}{2\cdot 3} + \dfrac{x^9}{2\cdot 3\cdot 5\cdot 6} + \ldots + \dfrac{x^{3n}}{2\cdot 3\cdot \ldots \cdot (3n-1)(3n)} + \ldots\right) +$

$+ a_1\left(x + \dfrac{x^8}{3\cdot 4} + \dfrac{x^{11}}{3\cdot 4\cdot 6\cdot 7} + \ldots + \dfrac{x^{3n+1}}{3\cdot 4\cdot \ldots \cdot (3n)(3n+1)} + \ldots\right).$

c. $y = a_0\left(1 + \dfrac{x^3}{2\cdot 3} + \dfrac{x^6}{2\cdot 3\cdot 5\cdot 6} + \ldots + \dfrac{x^{3n}}{2\cdot 3\cdot \ldots \cdot (3n-1)(3n)} + \ldots\right) +$

$+ a_1\left(x^2 + \dfrac{x^5}{3\cdot 4} + \dfrac{x^8}{3\cdot 4\cdot 6\cdot 7} + \ldots + \dfrac{x^{3n+1}}{3\cdot 4\cdot \ldots \cdot (3n)(3n+1)} + \ldots\right).$

d. $y = a_0\left(x + \dfrac{x^3}{2\cdot 3} + \dfrac{x^6}{2\cdot 3\cdot 5\cdot 6} + \ldots + \dfrac{x^{3n}}{2\cdot 3\cdot \ldots \cdot (3n-1)(3n)} + \ldots\right) +$

$+ a_1\left(1 + \dfrac{x^4}{3\cdot 4} + \dfrac{x^7}{3\cdot 4\cdot 6\cdot 7} + \ldots + \dfrac{x^{3n+1}}{3\cdot 4\cdot \ldots \cdot (3n)(3n+1)} + \ldots\right).$

e. $y = a_0\left(x + \dfrac{x^3}{2\cdot 3} + \dfrac{x^6}{2\cdot 3\cdot 5\cdot 6} + \ldots + \dfrac{x^{3n}}{2\cdot 3\cdot \ldots \cdot (3n-1)(3n)} + \ldots\right) +$

$+ a_1\left(x^3 + \dfrac{x^5}{3\cdot 4} + \dfrac{x^8}{3\cdot 4\cdot 6\cdot 7} + \ldots + \dfrac{x^{3n+1}}{3\cdot 4\cdot \ldots \cdot (3n)(3n+1)} + \ldots\right).$

3) A equação de Hermite, proposta pelo matemático Charles Hermite (1822-1901), é dada por:
$y'' - 2xy' + \alpha y = 0$, com $\alpha \in \mathbb{R}$, $-\infty < x < +\infty$.

Assinale a alternativa que contém as duas soluções independentes:

a. $y_1(x) = 1 - \dfrac{\alpha}{2!}x^2 - \dfrac{\alpha(4-\alpha)}{4!}x^4 - \ldots - \prod_{k=0}^{n} \dfrac{4k-\alpha}{(2n+2)!}x^{2n+2} - \ldots;$

$y_2(x) = x + \dfrac{2-\alpha}{3!}x^3 + \dfrac{(2-\alpha)(6-\alpha)}{5!}x^5 + \ldots + \prod_{k=0}^{n} \dfrac{2(2k-1)-\alpha}{(2n+3)!}x^{2n+3} + \ldots.$

b. $y_1(x) = x - \dfrac{\alpha}{2!}x^2 - \dfrac{\alpha(4-\alpha)}{4!}x^4 - \ldots - \prod_{k=0}^{n} \dfrac{4k-\alpha}{(2n+2)!}x^{2n+2} - \ldots;$

$y_2(x) = x^2 + \dfrac{2-\alpha}{3!}x^3 + \dfrac{(2-\alpha)(6-\alpha)}{5!}x^5 + \ldots + \prod_{k=0}^{n} \dfrac{2(2k-1)-\alpha}{(2n+3)!}x^{2n+3} + \ldots.$

c. $y_1(x) = 1 - \dfrac{\alpha^2}{2!}x^2 - \dfrac{\alpha(4-\alpha)^2}{4!}x^4 - \ldots - \prod_{k=0}^{n} \dfrac{(4k-\alpha)^2}{(2n+2)!}x^{2n+2} - \ldots;$

$y_2(x) = x + \dfrac{2-\alpha}{3!}x^3 + \dfrac{(2-\alpha)(6-\alpha)}{5!}x^5 + \ldots + \prod_{k=0}^{n} \dfrac{2(2k-1)-\alpha}{(2n+3)!}x^{2n+3} + \ldots.$

d. $y_1(x) = 1 - \dfrac{\alpha}{2!}x^2 - \dfrac{\alpha(4-\alpha)}{4!}x^4 - \ldots - \prod_{k=0}^{n} \dfrac{4k-\alpha}{(2n+2)!}x^{2n+2} - \ldots;$

$y_2(x) = x^3 + \dfrac{2-\alpha}{3!}x^5 + \dfrac{(2-\alpha)(6-\alpha)}{5!}x^7 + \ldots + \prod_{k=0}^{n} \dfrac{2(2k-1)-\alpha}{(2n+3)!}x^{2n+3} + \ldots.$

e. $y_1(x) = x - \dfrac{\alpha}{2!}x^2 - \dfrac{\alpha(4-\alpha)}{4!}x^4 - \ldots - \prod_{k=0}^{n} \dfrac{4k-\alpha}{(2n+2)!}x^{2n+2} - \ldots;$

$y_2(x) = 1 + \dfrac{2-\alpha}{3!}x^5 + \dfrac{(2-\alpha)(6-\alpha)}{5!}x^7 + \ldots + \prod_{k=0}^{n} \dfrac{2(2k-1)-\alpha}{(2n+3)!}x^{2n+3} + \ldots.$

4) Dada a equação:

$2x^2 y'' - xy' + (1+x)y = 0$, $x > 0$

mostre que o ponto $x_0 = 0$ é um ponto singular regular e use o teorema de Frobenius para encontrar uma solução. Em seguida, assinale a alternativa que contém a solução correta:

a. $y_1(x) = x\left[2 + \sum_{n=0}^{+\infty} \frac{(-1)^n 2^{n+1}}{(2n+1)!}x^n\right]$.

b. $y_1(x) = x\left[1 + \sum_{n=0}^{+\infty} \frac{(-1)^n 2^n}{(2n+1)!}x^n\right]$.

c. $y_1(x) = x^2\left[1 + \sum_{n=0}^{+\infty} \frac{(-1)^n 2^n}{(2n+1)!}x^n\right]$.

d. $y_1(x) = x^3\left[1 + \sum_{n=0}^{+\infty} \frac{(-1)^n 2^n}{(2n+1)!}x^n\right]$.

e. $y_1(x) = x^4\left[1 + \sum_{n=0}^{+\infty} \frac{(-1)^n 2^n}{(2n+1)!}x^n\right]$.

5) A equação

$$(1-x^2)y'' - xy' + \lambda y = 0, \lambda \in \mathbb{R}$$

é chamada de *equação de Tchebychev*, devido ao matemático Pafnuty Lvovich Tchebychev (1821-1894). Resolvendo essa equação, encontramos duas soluções linearmente independentes. Assinale a alternativa em que as soluções são dadas corretamente:

a. $y_1(x) = 1 + \sum_{k=1}^{+\infty} \frac{x^{2k}}{(2k)!}\prod_{t=0}^{k-1}\left[(2t)^2 - \lambda^2\right]$;

$y_2(x) = x + \sum_{k=1}^{+\infty} \frac{x^{2k+1}}{(2k+1)!}\prod_{t=0}^{k-1}\left[(4t+1)^2 - \lambda^2\right]$.

b. $y_1(x) = 1 + \sum_{k=1}^{+\infty} \frac{x^{2k}}{(2k)!}\prod_{t=0}^{k-1}\left[(2t)^2 - \lambda^2\right]$;

$y_2(x) = x^2 + \sum_{k=1}^{+\infty} \frac{x^{2k+1}}{(2k+1)!}\prod_{t=0}^{k-1}\left[(2t+1)^2 - \lambda^2\right]$.

c. $y_1(x) = 1 + \sum_{k=1}^{+\infty} \frac{x^{2k}}{(2k)!}\prod_{t=0}^{k-1}\left[(4t)^2 - 2\lambda^2\right]$;

$y_2(x) = x^4 + \sum_{k=1}^{+\infty} \frac{x^{2k+1}}{(2k+1)!}\prod_{t=0}^{k-1}\left[(2t+1)^2 - \lambda^2\right]$.

d. $y_1(x) = 1 + \sum_{k=1}^{+\infty} \frac{x^{2k}}{(2k)!} \prod_{t=0}^{k-1}\left[(2t)^2 - \lambda^2\right];$

$y_2(x) = x + \sum_{k=1}^{+\infty} \frac{x^{2k+1}}{(2k+1)!} \prod_{t=0}^{k-1}\left[(2t+1)^2 - \lambda^2\right].$

e. $y_1(x) = x + \sum_{k=1}^{+\infty} \frac{x^{2k}}{(2k)!} \prod_{t=0}^{k-1}\left[(2t)^2 - \lambda^2\right];$

$y_2(x) = x^2 + \sum_{k=1}^{+\infty} \frac{x^{2k+1}}{(2k+1)!} \prod_{t=0}^{k-1}\left[(2t+1)^2 - \lambda^2\right].$

6) Dada a equação

$$2xy'' + y' + y = 0$$

utilize o exemplo 4.9 para proceder de forma análoga, isto é, mostre que o ponto $x_0 = 0$ é um ponto singular regular e, em seguida, utilize o teorema de Frobenius.

Assinale a alternativa em que a solução encontrada é dada:

a. $r_1 = 2$ e $r_2 = 1$, com $y_1(x) = c_1 x^2 \left[1 - \frac{1}{3}x + \frac{1}{30}x^2 - \frac{1}{630}x^3 + ...\right]$ e

$y_2(x) = c_2 x\left[1 - x + \frac{1}{6}x^2 - \frac{1}{90}x^3 + ...\right].$

b. $r_1 = \frac{1}{2}$ e $r_2 = 1$, com $y_1(x) = c_1 x^{\frac{1}{2}}\left[1 - \frac{1}{3}x + \frac{1}{30}x^2 - \frac{1}{630}x^3 + ...\right]$ e

$y_2(x) = c_2 x\left[1 - x + \frac{1}{6}x^2 - \frac{1}{90}x^3 + ...\right].$

c. $r_1 = \frac{1}{2}$ e $r_2 = 0$, com $y_1(x) = c_1 x^{\frac{1}{2}}\left[1 - \frac{1}{3}x + \frac{1}{30}x^2 - \frac{1}{630}x^3 + ...\right]$ e

$y_2(x) = c_2\left[1 - x + \frac{1}{6}x^2 - \frac{1}{90}x^3 + ...\right].$

d. $r_1 = \frac{1}{2}$ e $r_2 = 2$, com $y_1(x) = c_1 x^{\frac{1}{2}}\left[1 - \frac{1}{3}x + \frac{1}{30}x^2 - \frac{1}{630}x^3 + ...\right]$ e

$y_2(x) = c_2 x^2\left[x^2 - x^4 + \frac{1}{6}x^6 - \frac{1}{90}x^8 + ...\right].$

e. $r_1 = \frac{1}{2}$ e $r_2 = 2$, com $y_1(x) = c_1 x^{\frac{1}{2}}\left[1 - \frac{1}{3}x + \frac{1}{30}x^2 - \frac{1}{630}x^3 + ...\right]$ e

$y_2(x) = c_2 x\left[x^2 - x^4 + \frac{1}{6}x^6 - \frac{1}{90}x^8 + ...\right].$

Atividades de aprendizagem

Questões para reflexão

1) Na busca de solução da equação de Legendre, surge o conceito de polinômio de Legendre. Com base nos estudos deste capítulo, faça uma pesquisa sobre onde esses polinômios são usados e mostre algumas de suas principais propriedades.

2) Neste capítulo, estudamos algumas equações que receberam nomes de pessoas, como *equações de Legendre, de Airy, de Tchebychev* e *de Hermite*. Geralmente, essas equações são de grande utilidade na ciência. Faça uma pesquisa que ajude você a compreender a utilidade dessas equações.

Atividade aplicada: prática

1) Dentre as equações de grandes matemáticos, deixamos de tratar a respeito da equação de Bessel. Esta atividade é a oportunidade de buscar informações sobre essa equação. Elabore um plano para duas aulas de 50 minutos cada, de modo a expor a equação de Bessel, curiosidades sobre ela e sobre o autor, bem como o desenvolvimento de sua solução.

Exercício complementares

1) Responda as perguntas a seguir relativas aos assuntos tratados neste capítulo.
   a. Qual a condição a ser verificada para concluir que uma série converge tendo como recurso o teste da razão?
   b. O que significa dizer que uma função f é analítica?
   c. Relembre o conceito de deslocamento de índice de um somatório e escreva a série $\sum_{n=4}^{+\infty} a_n x^n$ começando em $n = 0$.
   d. Dada uma equação diferencial, quando o objetivo é de encontrar a solução via série de potência, o que, de fato, deve ser feito tendo em vista os principais teoremas de existência apresentados neste capítulo?
   e. O que é um ponto ordinário, singular regular e singular irregular?

2) Resolva os seguintes itens:

   a. Qual o raio de convergência da série $\sum_{n=0}^{+\infty}(x-3)^n$? (**Dica**: use o teste da razão).

   b. Qual o raio de convergência da série $\sum_{n=0}^{+\infty} \frac{n}{2^n} x^n$. (**Dica**: use o teste da razão).

c. Considere a equação $\sum_{n=1}^{+\infty} na_n x^{n-1} + 2\sum_{n=0}^{+\infty} a_n x^n = 0$. Use o conceito de deslocamento de índice para deixar essa soma de séries na forma $\sum_{n=0}^{+\infty} b_n x^n$ e encontre o termo geral b_n.

d. Dada a série $y = \sum_{n=0}^{+\infty} n^2 x^{5n}$, encontre y' e y''. Escreva os três primeiros termos de cada uma das expressões.

3) Dadas as equações a seguir, encontre os pontos singular regular ou irregular:
   a. $8xy'' + (1-x)y' + 2xy = 0$.
   b. $5x^2(1-x)^2 y'' + 2xy' + 4y = 0$.
   c. $4xy'' + 8e^x y' + (3\cos x)y = 0$.

Neste capítulo, vamos analisar a transformada de Laplace, com o objetivo de estudar suas principais propriedades e, com elas, resolver mais equações diferenciais que, até o momento, não conseguiríamos.

5
Transformada de Laplace

5.1 Integrais impróprias

Inicialmente, vamos recordar alguns conceitos sobre integrais impróprias, visto que a transformada de Laplace é dada em termos de integrais desse tipo.

Definição 5.1
Uma integral imprópria é dada por:

$$\int_a^{+\infty} f(t)dt = \lim_{L \to +\infty} \int_a^L f(t)dt \tag{1}$$

Em que o número L é real positivo e $L > a$.

Em (1), para dizer que a integral imprópria converge, a expressão do lado direito deve, além da integral, existir para todo $L > a$. O limite, quando $L \to +\infty$, também deve existir (entendemos por *existir* quando o resultado é um número), caso contrário, diremos que a integral imprópria diverge ou simplesmente não existe.

Exemplo 5.1
Considere a função $f(t) = \dfrac{1}{t}$, $t \geq 1$. O comportamento da função é dado na Figura 5.1, a seguir.

Figura 5.1 – Gráfico da função $f(t) = \dfrac{1}{t}, t \geq 1$

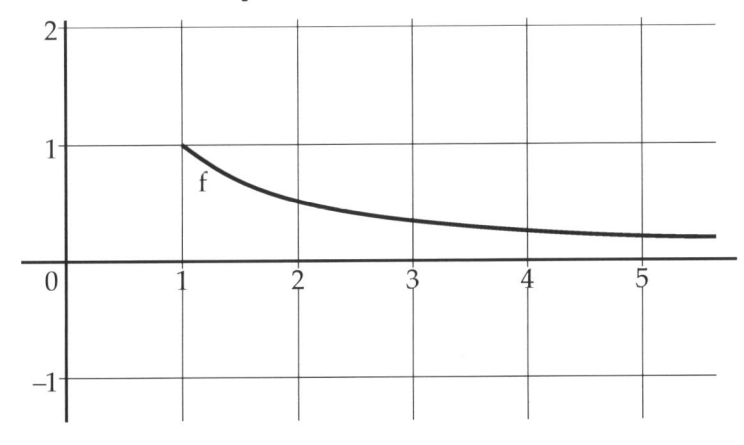

Note que:

$$\int_1^{+\infty} \frac{1}{t}dt = \lim_{L\to\infty}\int_1^L \frac{1}{t}dt = \lim_{L\to\infty}\left[\ln L - \ln 1\right] = \lim_{L\to\infty} \ln L = +\infty$$

Ou seja, a integral imprópria diverge.

Definição 5.2

Uma função f é seccionalmente contínua em um intervalo $a \leq t \leq b$ se, dado uma partição finita, isto é, $a = t_0 < t_1 < ... < t_n - 1 < t_n = b$, a função f satisfaz duas condições:

I. f é contínua em cada subintervalo $tk - 1 < t < tk$.
II. Os limites laterais (esquerdo e direito) de f existem em cada $t_0, t_1, ..., t_n$.

Exemplo 5.2

Considere a função degrau unitária:

$$u(x) = \begin{cases} 1, & \text{se } x > 0 \\ 0, & \text{se } x = 0 \\ -1, & \text{se } x < 0 \end{cases}$$

Note que ela é contínua em cada subintervalo (função constante) e, além disso, os limites laterais existem e são finitos, ou seja, é seccionalmente contínua. Observe que uma função ser seccionalmente contínua é uma condição mais "fraca" do que dizer que ela é contínua. Porém, é possível mostrar que, mesmo uma função f sendo seccionalmente contínua em $a \leq t \leq L$, ainda é possível considerar que $\int_a^L f(t)dt$ existe (isto é, f é integrável).

Atente que, se f fosse contínua, então f é integrável (Lima, 2013). Entretanto, em se tratando de integral imprópria, mesmo que a função f seja seccionalmente contínua, isto é, que a integral definida de a até L exista, ainda não se pode dizer nada sobre o limite quando $L \to +\infty$. Para avaliar essa situação e concluir que a integral imprópria converge segue o próximo resultado.

Teorema 5.1

Teorema da comparação para integrais impróprias: se f é seccionalmente contínua em $t \geq a$ e $|f(t)| \leq g(t)$ quando $t \geq M$, para algum $M > 0$, com $\int_M^{+\infty} g(t)dt$ convergente, então $\int_a^{+\infty} f(t)dt$ também converge. Além disso, se $f(t) \geq g(t) \geq 0$ para $t \geq M$ e $\int_M^{+\infty} g(t)dt$ diverge, então $\int_a^{+\infty} f(t)dt$ também diverge.

Demonstração: Veja Leithold (1994).

Exemplo 5.3
Para ilustrar o Teorema 5.1, considere a seguinte integral imprópria:

$$\int_1^{+\infty} e^{-t^2} dt$$

Note que não podemos encontrar uma primitiva da função e^{-t^2}, pois não se trata de uma função elementar. Sendo assim, para concluir que essa integral imprópria converge ou não, vamos utilizar o Teorema 5.1, ou seja, um argumento de comparação com alguma outra integral que sabemos convergir. Veja que, se $t \geq 1$, então $t^2 \geq t$ e, consequentemente, $-t^2 \leq -t$. Visto que a função exponencial é crescente, segue que $e^{-t^2} \leq e^{-t}$, ou, ainda, $|e^{-t^2}| \leq e^{-t}$, para $t \geq 1$. Além disso, como

$$\int_1^{+\infty} e^{-t} dt = \lim_{L \to +\infty} \int_1^L e^{-t} dt = \lim_{L \to +\infty} \left[-e^{-L} + e^{-1} \right] = e^{-1}$$

a integral imprópria converge. Assim, pelo Teorema 5.1, segue que

$$\int_1^{+\infty} e^{-t^2} dt \text{ também converge.}$$

5.2 Transformada de Laplace

Nesta seção, traremos a definição, as principais propriedades e a aplicação da transformada de Laplace em equações diferenciais. Inicialmente, veremos em forma de teorema a definição de transformada.

Teorema 5.2
A transformada de Laplace: suponha que f seja seccionalmente contínua em $0 \leq t \leq L$ para qualquer L positivo. Além disso, suponha que $|f(t)| \leq K e^{at}$ quando $t \geq M$, em que as constantes K, a e M são reais, sendo K e M positivas. Sob essas hipóteses, definimos

$$\mathcal{L}\{f(t)\} = F(s) = \int_0^{+\infty} e^{-st} f(t) dt \qquad (2)$$

como a transformada de Laplace.

Demonstração: Precisamos verificar se (2) está bem definida, isto é, se a integral imprópria converge. Note que:

$$\int_0^{+\infty} e^{-st} f(t) dt = \int_0^M e^{-st} f(t) dt + \int_M^{+\infty} e^{-st} f(t) dt$$

Pela hipótese de f ser seccionalmente contínua, segue que $\int_0^M e^{-st}f(t)dt$ existe; resta ver se $\int_M^{+\infty} e^{-st}f(t)dt$ converge. De fato, por hipótese, quando $t \geq M$, temos que $|f(t)| \leq Ke_{at}$, assim:

$$|e^{-st}f(t)| \leq Ke_{at}\, e^{-st} = Ke^{(a-s)t}$$

Note que:

$$\int_M^{+\infty} Ke^{(a-s)t}dt = \lim_{L\to+\infty} K\int_M^L e^{(a-s)t}dt = \lim_{L\to+\infty}\left[\frac{Ke^{(a-s)L}}{(a-s)} - \frac{Ke^{(a-s)t}}{(a-s)}\right]$$

Observe ainda que, se $a - s > 0$, o último limite é $+\infty$. Porém, se $a - s < 0$, segue que o limite existe. Sendo assim, para $a < s$, é garantido pelo Teorema 5.1 que $\int_M^{+\infty} e^{-st}f(t)dt$ converge e, portanto, $F(s) = \int_0^{+\infty} e^{-st}f(t)dt$ está bem definido.

> **Importante!**
> Funções que satisfazem o Teorema 5.2 são ditas *seccionalmente contínuas* e *de ordem exponencial* quando $t \to +\infty$.

Exemplo 5.4

Calcule a transformada de Laplace da função $f(t) = C$, $t \geq 0$, em que C é uma constante qualquer.

Como definido no Teorema 5.2, a transformada de Laplace é dada por:

$$\mathcal{L}\{f(t)\} = F(s) = \int_0^{+\infty} e^{-st}f(t)dt$$

Logo:

$$\mathcal{L}\{f(t)\} = F(s) = \int_0^{+\infty} e^{-st}C\,dt = C\int_0^{+\infty} e^{-st}dt = C\lim_{L\to+\infty}\int_0^L e^{-st}dt =$$

$$= C\lim_{L\to+\infty}\left[-\frac{e^{-sL}}{s} + \frac{1}{s}\right] = \frac{C}{s},\ s > 0$$

Portanto:

$$\mathcal{L}\{f(t)\} = F(s) = \frac{C}{s},\ s > 0$$

Em breve, iremos utilizar a transformada de Laplace para encontrar soluções de equações diferenciais. O próximo teorema fornece uma propriedade que será de extrema importância para esse fim.

Teorema 5.3

Linearidade da transformada de Laplace: sejam f_1 e f_2 duas funções para as quais existem a transformada de Laplace para $s > a_1$ e $s > a_2$, respectivamente. Assim, a transformada tem a propriedade de que

$$\mathcal{L}\{c_1 f_1(t) + c_2 f_2(t)\} = c_1 \mathcal{L}\{f_1(t)\} + c_2 \mathcal{L}\{f_2(t)\}, \ c_1, c_2 \in \mathbb{R}$$

Ou seja, a transformada de Laplace é um operador linear.

Demonstração: Dado que as transformadas existem para $s > a_1$ e $s > a_2$, tome $s > \text{Max}\{a_1, a_2\}$. Assim:

$$\mathcal{L}\{c_1 f_1(t) + c_2 f_2(t)\} =$$
$$= \int_0^{+\infty} e^{-st}\left[c_1 f_1(t) + c_2 f_2(t)\right]dt = c_1 \int_0^{+\infty} e^{-st} f_1(t)dt + c_2 \int_0^{+\infty} e^{-st} f_2(t)dt = c_1 \mathcal{L}\{f_1(t)\} + c_2 \mathcal{L}\{f_2(t)\}$$

Analogamente, pode ser feita para uma soma finita de termos dessa forma.

Exemplo 5.5

Calcule a transformada de Laplace da função $f(t) = 1 + t$.

Note que:

$$\mathcal{L}\{f(t)\} = \mathcal{L}\{1 + t\} = \mathcal{L}\{1\} + \mathcal{L}\{t\}$$

Do exemplo 5.4, já temos que $\mathcal{L}\{1\} = \dfrac{1}{s}$, $s > 0$. Assim:

$$\mathcal{L}\{t\} = \int_0^{+\infty} e^{-st} t\, dt = \lim_{L \to +\infty} \int_0^L e^{-st} t\, dt = \lim_{L \to +\infty}\left[-\frac{1}{s^2}e^{-sL} + \frac{1}{s^2}\right] = \frac{1}{s^2}, \ s > 0$$

Logo:

$$\mathcal{L}\{f(t)\} = \frac{1}{s} + \frac{1}{s^2}, \ s > 0$$

Como já mencionamos antes, vamos usar essas transformadas para resolver equações diferenciais ordenadas (EDOs). Para isso, é interessante saber se existe alguma fórmula para a transformada de uma derivada. É exatamente disso que trata o próximo teorema.

Teorema 5.4

Suponha que f seja contínua e que f' seja seccionalmente contínua em $0 \leq t \leq A$. Além disso, suponha que existam constantes K, a e M, em que $|f(t)| \leq Ke^{at}$, para $t \geq M$. Assim, a transformada $\mathcal{L}\{f'(t)\}$ existe para $s > a$ e ainda é dada por:

$$\mathcal{L}\{f'(t)\} = s\mathcal{L}\{f(t)\} - f(0)$$

Demonstração: Note que:

$$\mathcal{L}\{f'(t)\} = \int_0^{+\infty} e^{-st}f'(t)dt = \lim_{L\to+\infty}\int_0^L e^{-st}f'(t)dt$$

Por hipótese, f' é seccionalmente contínua em $0 \leq t \leq A$. Assim, seja $t_1, t_2, ..., t_n$ os pontos de descontinuidades de f', logo:

$$\int_0^A e^{-st}f'(t)dt = \int_0^{t_1} e^{-st}f'(t)dt + \int_{t_1}^{t_2} e^{-st}f'(t)dt + ... + \int_{t_n}^A e^{-st}f'(t)dt$$

Observe que:

$$\int_0^{t_1} e^{-st}f'(t)dt = e^{-st}f(t) \Rightarrow \Big|_0^{t_1} + s\int_0^{t_1} e^{-st}f(t)dt$$

Isso ocorre analogamente para os demais. Assim:

$$\int_0^A e^{-st}f'(t)dt = e^{-st}f(t)\Big|_0^{t_1} + e^{-st}f(t)\Big|_{t_1}^{t_2} + ... + e^{-st}f(t)\Big|_{t_n}^A +$$
$$+ s\left[\int_0^{t_1} e^{-st}f(t)dt + \int_{t_1}^{t_2} e^{-st}f(t)dt + ... + \int_{t_n}^A e^{-st}f(t)dt\right]$$

Ou, ainda:

$$\int_0^A e^{-st}f'(t)dt = e^{-st_1}f(t_1) - f(0) + e^{-st_2}f(t_2) - e^{-st_1}f(t_1) + ... +$$
$$+ e^{-sA}f(A) - e^{-st_n}f(t_n) + s\int_0^A e^{-st}f(t)dt$$

Portanto:

$$\int_0^A e^{-st}f'(t)dt = e^{-sA}f(a) - f(0) + s\int_0^A e^{-st}f(t)dt$$

Desse modo:

$$\int_0^{+\infty} e^{-st}f'(t)dt = \lim_{A\to+\infty}\int_0^A e^{-st}f'(t)dt = \lim_{A\to+\infty}\left[e^{-sA}f(A) - f(0) + s\int_0^A e^{-st}f(t)dt\right] =$$
$$= \lim_{A\to+\infty} e^{-sA}f(A) + s\lim_{A\to+\infty}\int_0^A e^{-st}f(t)dt - f(0)$$

Para $s > a$, temos que:

$$\lim_{A\to+\infty} e^{-sA}f(A) = 0$$

$$\lim_{A\to+\infty}\int_0^A e^{-st}f(t)dt = \mathcal{L}\{f(t)\}$$

Assim:

$$\int_0^{+\infty} e^{-st}f'(t)dt = s\mathcal{L}\{f(t)\} - f(0)$$

Note que a hipótese $|f(t)| \leq Ke^{at}$ é usada para garantir a existência da transformada da função f. De forma análoga, caso f' e f'' satisfaçam as mesmas hipóteses colocadas sob f e f' no teorema anterior, é possível mostrar que

$$\mathcal{L}\{f''(t)\} = s^2\mathcal{L}\{f(t)\} - sf(0) - f'(0)$$

Ou, ainda, da mesma forma para mais derivadas. Com esse raciocínio, enunciaremos um corolário que trata desse assunto.

Corolário 5.1

Suponha que as funções $f, f', \ldots, f^{n-1}$ sejam contínuas e f^n seja seccionalmente contínua em $0 \leq t \leq A$. Suponha ainda que existam constantes K, a e M, em que

$$|f(t)| \leq Ke^{at};\ |f'(t)| \leq Ke^{at};\ \ldots;\ |f^{n-1}(t)| \leq Ke^{at},\ \forall t \geq M$$

Assim, $\mathcal{L}\{f^n(t)\}$ existe para $s > a$ e, além disso, existe a fórmula

$$\mathcal{L}\{f^n(t)\} = s^n\mathcal{L}\{f(t)\} - s^{n-1}f(0) - \ldots - sf^{n-2}(0) - f^{n-1}(0)$$

É fundamental reconhecer a importância desses últimos resultados porque são ferramentas essenciais para se resolver equações diferenciais. Veja um exemplo.

Exemplo 5.6

Considere a equação

$$y' - y = 0,\ y(0) = 1$$

Note que a função $y(t) = e^t$ é solução dessa equação, porém, vamos tentar obtê-la utilizando a transformada de Laplace. Para isso, aplique a transformada em ambos os lados da equação, isto é:

$$\mathcal{L}\{y' - y\} = \mathcal{L}\{0\}$$

Note que:

$$\mathcal{L}\{0\} = \int_0^{+\infty} e^{-st}0dt = 0$$

No entanto, pela linearidade da transformação (Teorema 5.3) e a propriedade da transformada da derivada (Teorema 5.4), segue que

$$\mathcal{L}\{y'- y\} = \mathcal{L}\{y'\} - \mathcal{L}\{y\} = s\mathcal{L}\{y\} - y(0) - \mathcal{L}\{y\} = s\mathcal{L}\{y\} - 1 - \mathcal{L}\{y\} = 0$$

Assim:

$$\mathcal{L}\{y\} = \frac{1}{s-1},\ s > 1 \qquad (3)$$

Observe que estamos procurando a função y que satisfaz a equação e que, ao calcular a transformada de Laplace, encontramos a expressão $\mathcal{L}\{y\} = \frac{1}{s-1}$, $s > 1$. Ou seja, neste momento, devemos pensar qual a função y que, quando se calcula a transformada de Laplace, resulta na função $\frac{1}{s-1}$, $s > 1$. Visto que já sabemos qual a função solução dessa equação ($y(t) = e^t$), vamos calcular a transformada dessa função. Note que:

$$\mathcal{L}\{e^t\} = \int_0^{+\infty} e^{-st} e^t dt = \int_0^{+\infty} e^{(1-s)t} dt = \lim_{L \to +\infty} \int_0^L e^{(1-s)t} dt = \lim_{L \to +\infty} \left[\frac{e^{(1-s)L}}{1-s} - \frac{1}{1-s} \right] = \frac{1}{s-1},\ s > 1$$

Ou seja,

$$\mathcal{L}\{e^t\} = \frac{1}{s-1},\ s > 1$$

Dessa forma, a função $y(t) = e^t$ satisfaz a condição da transformada em (3). Nesse contexto, precisamos aumentar um pouco mais o conceito de transformada para que, no momento em que chegarmos à equação (3), encontrar a função y seja mais prático. É nesse momento que surge o conceito de transformada inversa de Laplace.

5.3 Transformada inversa de Laplace

Nesta seção, iremos discutir um pouco mais sobre a transformada inversa de Laplace.

Definição 5.3

A transformada inversa de Laplace é denotada por

$$\mathcal{L}^{-1}\{F(s)\}$$

Teorema 5.5

Unicidade da transformada de Laplace: se f e g são contínuas em $[0, +\infty)$ e existem K, a e M constantes tais que $|f(t)| \leq K e^{at}$ e $|g(t)| \leq K e^{at}$, com $\mathcal{L}\{f(t)\} = \mathcal{L}\{g(t)\}$, para $t > a$, então, $f(t) = g(t)$, $\forall t \geq 0$.

Demonstração: Se $\mathcal{L}\{f(t)\} = \mathcal{L}\{g(t)\}$, então, pela definição de transformada de Laplace, segue:

$$\int_0^{+\infty} e^{-st}\big(f(t) - g(t)\big)dt = 0$$

Como $e^{-st}(f(t) - g(t))$ é contínua, portanto $e^{-st}(f(t) - g(t)) = 0$, $\forall t \geq 0$ Consequentemente, por $e^{-st} \neq 0$ tem-se $f(t) = g(t)$, $\forall t \geq 0$.

Note que as hipóteses adicionais sobre f e g no enunciado do Teorema 5.5 são para garantir a existência da transformada de Laplace.

Em linhas gerais, o Teorema 5.5 estabelece que, se uma função f é contínua com a transformada de Laplace dada por $F(s)$, então, não existe outra função que tenha a mesma transformada. Tendo isso em mente, a transformada de Laplace de uma função f contínua está unicamente determinada, de modo que

$$\mathcal{L}\{f(t)\} = F(s) \Leftrightarrow f(t) = \mathcal{L}^{-1}\{F(s)\}$$

Tendo isso em mente, considere:

$$G(s) = c_1 F_1(s) + c_2 F_2(s)$$

Em que:

$$c_1 f_1(t) = c_1 \mathcal{L}^{-1}\{F_1(s)\}$$
$$c_2 f_2(t) = c_2 \mathcal{L}^{-1}\{F_2(s)\}$$

Assim, usando a linearidade da transformada de Laplace, segue que

$$\mathcal{L}^{-1}\{G(s)\} = \mathcal{L}^{-1}\{c_1 F_1(s) + c_2 F_2(s)\} = \mathcal{L}^{-1}\{c_1 \mathcal{L}\{f_1(t)\} + c_2 \mathcal{L}\{f_2(t)\}\} =$$
$$= \mathcal{L}^{-1}\{\mathcal{L}\{c_1 f_1(t) + c_2 f_2(t)\}\} = c_1 f_1(t) + c_2 f_2(t) = c_1 \mathcal{L}^{-1}\{F_1(s)\} + c_2 \mathcal{L}^{-1}\{F_2(s)\}$$

Ou seja:

$$\mathcal{L}^{-1}\{c_1 F_1(s) + c_2 F_2(s)\} = c_1 \mathcal{L}^{-1}\{F_1(s)\} + c_2 \mathcal{L}^{-1}\{F_2(s)\}$$

Sendo assim, a transformada inversa de Laplace é um operador linear.

Existe uma fórmula geral para se obter a transformada inversa de Laplace, como existe para calcular a transformada de Laplace. No entanto, a fórmula necessita de conceitos de análise complexa e, sendo assim, está fora da nossa proposta. Caso deseje se aprofundar no tema, indicamos Davies (2002) que consta na seção Bibliografia comentada.

Em geral, não tendo uma fórmula para calcular a transformada inversa, o passo é semelhante ao feito no Exemplo 5.6.

Exemplo 5.7

Considere a equação

$$y'' - y' - 6y = 0$$

com $y(0) = 1$ e $y'(0) = -1$. Note que

$$\mathcal{L}\{y'' - y' - 6y\} = \mathcal{L}\{0\} = 0$$
$$\mathcal{L}\{y''\} - \mathcal{L}\{y'\} - 6\mathcal{L}\{y\} = 0$$
$$s^2\mathcal{L}\{y\} - sy(0) - y'(0) - s\mathcal{L}\{y\} + y(0) - 6\mathcal{L}\{y\} = 0$$
$$s^2\mathcal{L}\{y\} - s + 1 - s\mathcal{L}\{y\} + 1 - 6\mathcal{L}\{y\} = 0$$
$$(s^2 - s - 6)\mathcal{L}\{y\} = s - 2$$
$$\mathcal{L}\{y\} = \frac{s-2}{s^2 - s - 6}$$

Usemos o conceito de frações parciais para tentar escrever esse último quociente como uma soma. Observe que

$$\frac{s-2}{s^2-s-6} = \frac{A}{s+2} + \frac{B}{s-3}$$

Ou, ainda:

$$\frac{s-2}{s^2-s-6} = \frac{A(s-3) + B(s+2)}{(s+2)(s-3)} \Rightarrow \begin{cases} A + B = 1 \\ -3A + 2B = -2 \end{cases} \Rightarrow A = \frac{4}{5}; = \frac{1}{5}$$

Logo:

$$\mathcal{L}\{y\} = \frac{s-2}{s^2-s-6} = \frac{\frac{4}{5}}{s+2} + \frac{\frac{1}{5}}{s-3}$$

Portanto:

$$y = \frac{4}{5}\mathcal{L}^{-1}\left\{\frac{1}{s+2}\right\} + \frac{1}{5}\mathcal{L}^{-1}\left\{\frac{1}{s-3}\right\}$$

Dessa forma, como

$$\mathcal{L}(e^{-2t}) = \frac{1}{s+2}$$
$$\mathcal{L}(e^{3t}) = \frac{1}{s-3}$$

segue, finalmente, que

$$y(t) = \frac{4}{5}e^{-2t} + \frac{1}{5}e^{3t}$$

é solução da equação em questão.

A seguir, você conhecerá algumas das propriedades da transformada de Laplace. Daqui para frente, as funções a serem tratadas cumprem as condições do Teorema 5.2.

5.4 Transformada da função degrau

Nesta seção, vamos apresentar propriedades relevantes que envolvem a função degrau.

Definição 5.4

Uma função degrau é definida como:

$$u_d(t) = \begin{cases} 1, & t \geq d \\ 0, & t < d \end{cases}, \; d \geq 0$$

O gráfico dessa função é dado pela Figura 5.2.

Figura 5.2 – Gráfico da função u_d

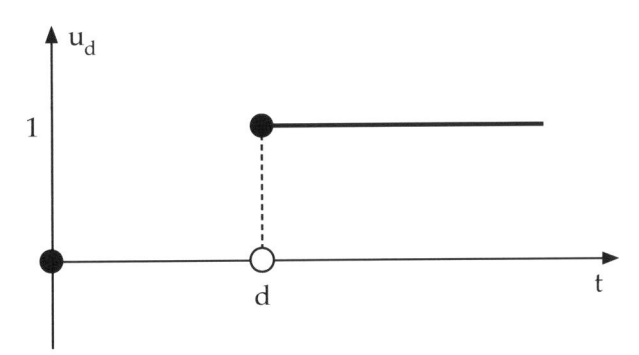

Note que:

$$\mathcal{L}\{u_d(t)\} = \int_0^{+\infty} e^{-st} u_d(t) dt = \int_0^d e^{-st} u_d(t) dt + \int_d^{+\infty} e^{-st} u_d(t) dt$$

Visto que $u_d(t) = 0$, para $t < d$, segue que $\int_0^d e^{-st} u_d(t) dt = 0$. Logo:

$$\mathcal{L}\{u_d(t)\} = \int_d^{+\infty} e^{-st} u_d(t) dt = \lim_{L \to +\infty} \int_d^L e^{-st} dt = \lim_{L \to +\infty} \left[-\frac{e^{-sL}}{s} + \frac{e^{-sd}}{s} \right] = \frac{e^{-sd}}{s}$$

Portanto:

$$\mathcal{L}\{u_d(t)\} = \frac{e^{-sd}}{s}, \ s > 0$$

Agora, suponha que tenhamos uma função f que esteja definida para todo $t \geq 0$. Considere a seguinte função:

$$g(t) = \begin{cases} f(t - d), & t \geq d \\ 0, & t < d \end{cases}$$

Note que a função g é apenas a extensão da função f para todos os reais. Além disso, podemos simplificar a função g de maneira conveniente usando a função degrau. A saber:

$$g(t) = u_d(t)f(t - d)$$

Toda essa discussão é para enunciar o teorema a seguir, que apresenta uma propriedade interessante entre a função g e a sua transformada de Laplace.

Teorema 5.6

Primeiro teorema do deslocamento: se $\mathcal{L}\{f(t)\}$ existe para $s > a \geq 0$, então:

$$\mathcal{L}\{u_d(t)f(t - d)\} = e^{-sd}\mathcal{L}\{f(t)\}, \ s > a$$

sendo que d é uma constante positiva. Além disso, de forma equivalente,

$$u_d(t)f(t - d) = \mathcal{L}^{-1}\{e^{-sd}\mathcal{L}\{f(t)\}\}$$

Demonstração: Observe que:

$$\mathcal{L}\{u_d(t)f(t - d)\} =$$
$$= \int_0^{+\infty} e^{-st}u_d(t)f(t-d)dt = \int_0^d e^{-st}u_d(t)f(t-d)dt + \int_d^{+\infty} e^{-st}u_d(t)f(t-d)dt =$$
$$= \int_d^{+\infty} e^{-st}u_d(t)f(t-d)dt$$

Faça $r = t - d$, assim, $dr = dt$. Portanto:

$$\int_d^{+\infty} e^{-st}u_d(t)f(t-d)dt = \int_0^{+\infty} e^{-s(r+d)}f(r)dr = e^{-sd}\int_0^{+\infty} e^{-st}f(t)dt = e^{-sd}\mathcal{L}\{f(t)\}$$

Assim:

$$\mathcal{L}\{u_d(t)f(t-d)\} = e^{-sd}\mathcal{L}\{f(t)\}$$

Aplicando a transformada inversa em ambos os lados, segue a outra equivalência, que conclui o teorema.

Exemplo 5.8

Encontre a transformada de Laplace da função f dada por:

$$f(t) = \begin{cases} \sin t, & 0 \leq t < \dfrac{\pi}{4} \\ \sin t + \cos\left(t - \dfrac{\pi}{4}\right), & \geq \dfrac{\pi}{4} \end{cases}$$

Note que podemos escrever a função f como:

$$f(t) = \sin t + g(t)$$

Em que:

$$g(t) = \begin{cases} \cos\left(t - \dfrac{\pi}{4}\right), & t \geq \dfrac{\pi}{4} \\ 0, & t < \dfrac{\pi}{4} \end{cases}$$

Veja que ainda é possível simplificar a função g escrevendo da forma

$$g(t) = u_{\left(\frac{\pi}{4}\right)}(t)\cos\left(t - \frac{\pi}{4}\right)$$

Assim:

$$f(t) = \sin t + u_{\left(\frac{\pi}{4}\right)}(t)\cos\left(t - \frac{\pi}{4}\right)$$

Ou, ainda:

$$\mathcal{L}\{f(t)\} = \mathcal{L}\left\{\sin t + u_{\left(\frac{\pi}{4}\right)}(t)\cos\left(t - \frac{\pi}{4}\right)\right\} = \mathcal{L}\{\sin t\} + \mathcal{L}\left\{u_{\left(\frac{\pi}{4}\right)}(t)\cos\left(t - \frac{\pi}{4}\right)\right\}$$

Note que

$$\mathcal{L}\{\sin t\} = \frac{1}{s^2 + 1}$$

Usando o Teorema 5.6, podemos concluir que

$$\mathcal{L}\left\{u_{\left(\frac{\pi}{4}\right)}(t)\cos\left(t - \frac{\pi}{4}\right)\right\} = e^{-\frac{\pi}{4}s}\mathcal{L}\{\cos(t)\} = e^{-\frac{\pi}{4}s}\frac{s}{s^2 + 1}$$

Ou seja:

$$\mathcal{L}\{f(t)\} = \frac{1}{s^2+1} + e^{-\frac{\pi}{4}s} \frac{s}{s^2+1}$$

Vejamos outro exemplo para compreender melhor as ideias do Teorema 5.6.

Exemplo 5.9

Encontre a transformada de Laplace da função f dada por:

$$f(t) = \begin{cases} (t-2)^2, & t \geq 2 \\ 0, & t < 2 \end{cases}$$

Reescreva a função f da forma:

$$f(t) = u_2(t)(t-2)^2$$

Além disso,

$$\mathcal{L}\{f(t)\} = \mathcal{L}\{u_2(t)(t-2)^2\} = e^{-2s}\mathcal{L}\{t^2\}$$

Note que

$$\mathcal{L}\{t^2\} = \int_0^{+\infty} e^{-st}t^2 dt = \lim_{L \to +\infty} \left[\int_0^L e^{-st}t^2 dt\right]$$

Usando integral por partes, podemos concluir que

$$\mathcal{L}\{t^2\} = \frac{2}{s^3}, \ s > 0$$

Portanto:

$$\mathcal{L}\{f(t)\} = \frac{2e^{-2s}}{s^3}, \ s > 0$$

Teorema 5.7

Teorema do deslocamento: se $F(s) = \mathcal{L}\{f(t)\}$ existe para $s > a \geq 0$, então:

$$\mathcal{L}\{e^{dt}f(t)\} = F(s-d)$$

para $s > a + d$, sendo d uma constante. Além disso, equivalentemente

$$e^{dt}f(t) = \mathcal{L}^{-1}\{F(s-d)\}$$

Demonstração: Veja que:

$$\mathcal{L}\{e^{dt}f(t)\} = \int_0^{+\infty} e^{-st}e^{dt}f(t)dt = \int_0^{+\infty} e^{-(s-d)t}f(t)dt$$

Faça $r = s - d$. Logo:

$$\int_0^{+\infty} e^{-(s-d)t}f(t)dt = \int_0^{+\infty} e^{-rt}f(t)dt = F(r) = F(s - d)$$

sendo que só existe para $r = s - d > a$ ou $s > a + d$. Para ter a forma equivalente, basta aplicar a transformada inversa em ambos os lados.

Exemplo 5.10

Encontre a transformada inversa da função

$$F(s) = \frac{3!}{(s - 2)^4}$$

Note que

$$F(s) = G(s - 2)$$

sendo a função $G(s) = 3!\, s^{-4}$

Visto que

$$\mathcal{L}^{-1}\{G(s)\} = \mathcal{L}^{-1}\{3!\, s^{-4}\} = t^3$$

segue, pelo Teorema 5.7, que

$$\mathcal{L}^{-1}\{F(s)\} = \mathcal{L}^{-1}\{G(s - 2)\} = e^{2t}t^3$$

Teorema 5.8

Transformada de funções periódicas: suponha que f satisfaça

$$f(t + T) = f(t),\ \forall t \geq 0$$

com $T > 0$ fixo (supor essa propriedade para a função é dizer que f é periódica com período T). Alguns exemplos de funções com essa propriedade são as funções seno e cosseno, ambas com período $T = 2\pi$. Vejamos como fica a transformada de uma função periódica:

$$\mathcal{L}\{f(t)\} = \mathcal{L}\{f(t + T)\} = \int_0^{+\infty} e^{-st}f(t + T)dt = \int_0^{T} e^{-st}f(t + T)dt + \int_T^{+\infty} e^{-st}f(t + T)dt =$$

$$= \int_0^{T} e^{-st}f(t)dt + \int_0^{+\infty} e^{-s(u+T)}f(u + 2T)du = \int_0^{T} e^{-st}f(t)dt + \int_0^{+\infty} e^{-su}e^{-sT}f(u + 2T)du$$

Veja que

$$f(u + 2T) = f((u + T) + T) = f(u + T) = f(u)$$

pois f é periódica.

Assim:

$$\mathcal{L}\{f(t)\} = \int_0^T e^{-st}f(t)dt + \int_0^{+\infty} e^{-su}e^{-sT}f(u)du =$$
$$= \int_0^T e^{-st}f(t)dt + e^{-sT}\int_0^{+\infty} e^{-su}f(u)du = \int_0^T e^{-st}f(t)dt + e^{-sT}\mathcal{L}\{f(t)\}$$

Logo:

$$\mathcal{L}\{f(t)\} - e^{-sT}\mathcal{L}\{f(t)\} = \int_0^T e^{-st}f(t)dt$$

Finalmente:

$$\mathcal{L}\{f(t)\} = \frac{\int_0^T e^{-st}f(t)dt}{1 - e^{-sT}} \qquad (4)$$

Note que, com a fórmula dada em (4), calcular a transformada de Laplace de funções periódica é mais "simples", visto que é possível fugir de integrais impróprias. Para exemplificar melhor, tome a função $f(t) = \sin t$, que é periódica de período $T = 2\pi$. Portanto:

$$\mathcal{L}\{f(t)\} = \frac{\int_0^{2\pi} e^{-st}\sin t\, dt}{1 - e^{-2\pi s}}$$

Usando integral por partes, segue que $\int_0^{2\pi} e^{-st}\sin t\, dt = \dfrac{1 - e^{-2\pi s}}{1 + s^2}$, logo:

$$\mathcal{L}\{f(t)\} = \frac{1}{s^2 + 1}, \ s > 0$$

5.5 Função delta de Dirac

Existem fenômenos cuja natureza é impulsiva, isto é, ora têm um valor muito grande, ora não têm nenhum valor. Pense, por exemplo, na situação de um martelo batendo fortemente em um prego fixo numa madeira. A ação do martelo no prego é muito forte no momento da batida e, em outro momento, não tem nenhuma ação. Pensando em situações com essas características, surge a função delta. Em seguida, vamos explicar como ela é construída. Para isso, considere a função degrau dada por:

$$u_\epsilon(t) = \frac{1}{2\epsilon}\big[u_1(t+\epsilon) - u_1(t-\epsilon)\big] = \begin{cases} 0, & t < -\epsilon \\ \dfrac{1}{2\epsilon}, & -\epsilon \leq t < \epsilon \\ 0, & t \geq \epsilon \end{cases}$$

Para conseguir um impulso em um tempo t não nulo, tomemos um deslocamento d dessa função u_ϵ, isto é:

$$u_\epsilon(t-d) = \frac{1}{2\epsilon}\big[u_1(t-(d-\epsilon)) - u_1(t-(d+\epsilon))\big] = \begin{cases} 0, & t < d-\epsilon \\ \dfrac{1}{2\epsilon}, & d-\epsilon \leq t < d+\epsilon \\ 0, & t \geq d+\epsilon \end{cases}$$

Note que

$$\int_{d-\epsilon}^{d+\epsilon} u_\epsilon(t-d)\,dt = \int_{d-\epsilon}^{d+\epsilon} \frac{1}{2\epsilon}\,dt = 1$$

Sendo assim, tome $\epsilon \to 0$, logo:

$$u_\epsilon(t-d) \to +\infty$$

Desse modo, a função delta é definida como:

$$\delta(t-d) = \lim_{\epsilon \to +0} u_\epsilon(t-d)$$

Resumindo, temos:

$$\delta(t-d) = \begin{cases} +\infty, & t = d \\ 0, & t \neq d \end{cases} \qquad (5)$$

E, ainda:

$$\int_{-\infty}^{+\infty} \delta(t)\,dt = \int_{-\infty}^{+\infty} \lim_{\epsilon \to +0} u_\epsilon(t) = \int_{-\epsilon}^{+\epsilon} \frac{1}{2\epsilon}\,dt = 1 \qquad (6)$$

Formalmente, não podemos dizer que δ é realmente uma função no sentido matemático da palavra, pois não existe função que satisfaça as propriedades (5) e (6), porém, fica assim definida como função delta de Dirac.

O próximo objetivo é definir a transformada de Laplace para a função delta. Compreenda que devemos agir diferente, visto que não podemos, simplesmente, utilizar o Teorema 5.2, pois δ não satisfaz às hipóteses. Porém, dado que $\delta(t-d) = \lim\limits_{\epsilon \to +0} u_\epsilon(t-d)$, segue que

$$\mathcal{L}\{\delta(t-d)\} = \lim_{\epsilon \to 0} \mathcal{L}\{u_\epsilon(t-d)\} \qquad (7)$$

Agora, como

$$\mathcal{L}\{u_\epsilon(t-d)\} = \int_0^{+\infty} e^{-st} u_\epsilon(t-d)dt = \int_{d-\epsilon}^{d+\epsilon} e^{-st} u_f(t-d)dt = \frac{1}{2\epsilon}\int_{d-\epsilon}^{d+\epsilon} e^{-st}dt = \frac{e^{-sd}}{s\epsilon}\sinh(s\epsilon).$$

Segue que

$$\mathcal{L}\{u_\epsilon(t-d)\} = \frac{e^{-sd}}{s\epsilon}\sinh(s\epsilon)$$

Sendo assim:

$$\lim_{\epsilon \to 0} \mathcal{L}\{u_\epsilon(t-d)\} = \lim_{\epsilon \to 0} \frac{e^{-sd}}{s\epsilon}\sinh(s\epsilon)$$

Veja que esse último limite resulta numa indeterminação do tipo $\frac{0}{0}$. Usando a regra de L'Hospital e voltando em (7), temos:

$$\mathcal{L}\{\delta(t-d)\} = \lim_{\epsilon \to 0}\mathcal{L}\{u_\epsilon(t-d)\} = \lim_{\epsilon \to 0}\frac{e^{-sd}}{s\epsilon}\sinh(s\epsilon) = \lim_{\epsilon \to 0} e^{-sd}\cosh(s\epsilon) = e^{-sd}$$

Ou seja:

$$\mathcal{L}\{\delta(t-d)\} = e^{-sd}$$

Ainda, tomando $d \to 0$:

$$\mathcal{L}\{\delta(t)\} = 1$$

Em outra forma, se f for uma função contínua, temos que:

$$\int_{-\infty}^{+\infty} \delta(t-d)f(t) = \lim_{\epsilon \to 0}\int_{-\infty}^{+\infty} u_\epsilon(t-d)f(t)dt = \lim_{\epsilon \to 0}\int_{d-\epsilon}^{d+\epsilon} u_\epsilon(t-d)f(t)dt =$$
$$= \lim_{\epsilon \to 0}\frac{1}{2\epsilon}\int_{d-\epsilon}^{d+\epsilon} f(t)dt = \lim_{\epsilon \to 0}\frac{1}{2\epsilon} 2\epsilon f(\overline{d}) = f(\overline{d})$$

Em que $d-\epsilon < \overline{d} < d+\epsilon$, cuja existência é garantida pelo teorema do valor médio para integrais. Assim, quando $\epsilon \to 0$, segue que $\overline{d} \to d$, portanto:

$$\int_{-\infty}^{+\infty} \delta(t-d)f(t) = f(d) \qquad (8)$$

Observe que a hipótese de f contínua é essencial para conseguir a propriedade dada em (8). Como dito anteriormente, é bem razoável considerar a função delta em problemas de impulso. Para ilustrar, considere o próximo exemplo.

Exemplo 5.11
Encontre a solução do seguinte seguinte problema:

$$y'' + 2y' + 2y = \delta(t - \pi),\ y(0) = 1,\ y'(0) = 0$$

Note que, aplicando a transformada de Laplace em ambos os lados (como usualmente tínhamos feito), obtemos:

$$\mathcal{L}\{y'' + 2y' + 2y\} = \mathcal{L}\{\delta(t - \pi)\}$$

Usando as propriedades de linearidade e as condições iniciais, obtemos:

$$\mathcal{L}\{y\} = \frac{e^{-\pi s} + s + 2}{s^2 + 2s + 2}$$

Ou, ainda:

$$y = \mathcal{L}^{-1}\left\{\frac{e^{-\pi s}}{s^2 + 2s + 2}\right\} + \mathcal{L}^{-1}\left\{\frac{s}{s^2 + 2s + 2}\right\} + 2\mathcal{L}^{-1}\left\{\frac{1}{s^2 + 2s + 2}\right\}$$

Observe que

$$\frac{e^{-\pi s}}{s^2 + 2s + 2} = e^{-\pi s} F(s)$$

com $F(s) = [(s+1)2 + 1]^{-1}$. Ainda, visto que $\mathcal{L}^{-1}\{F(s)\} = e^{-t}\sin t$, segue, pelo Teorema 5.6:

$$\mathcal{L}^{-1}\{e^{-\pi s} F(s)\} = u_\pi(t) e^{-(t-\pi)} \sin(t - \pi)$$

Além disso,

$$\mathcal{L}^{-1}\left\{\frac{s}{s^2 + 2s + 2}\right\} + 2\mathcal{L}^{-1}\left\{\frac{1}{s^2 + 2s + 2}\right\} = e^{-t}\cos t + e^{-t}\sin t$$

Portanto, a solução é dada por:

$$y(t) = e^{-t}\cos t + e^{-t}\sin t + u_\pi(t) e^{-(t-\pi)} \sin(t - \pi)$$

5.6 Convolução

Em geral, se tivermos uma transformada de Laplace $H(s)$ e fizermos a sua decomposição por duas outras, isto é, se escrevermos:

$$H(s) = F(s)G(s)$$

sendo $F(s)$ a transformada de uma função f e $G(s)$ a transformada de uma função g, podemos pensar, inicialmente, que $H(s)$ possa ser a transformada do produto entre as funções f e g, entretanto, isso não acontece. Veja o exemplo seguinte.

Exemplo 5.12

Seja $H(s) = \dfrac{1}{s^2}$. Escreva $H(s) = F(s)G(s)$, em que $F(s) = \dfrac{1}{s}$ e $G(s) = \dfrac{1}{s}$. Note que $f(t) = 1$ e $g(t) = 1$ são as funções, respectivamente, que, ao calcularmos a transformada de Laplace, resultam em F e G. Sendo assim, visto que o produto entre f e g é a função constante igual a 1, cuja transformada é novamente $\dfrac{1}{s}$, segue que é diferente de $H(s)$.

Nesse contexto, motivados por essa discussão, vamos definir uma operação conveniente que, de certo modo, faça essa propriedade ocorrer.

Teorema 5.9

Suponha que $F(s) = \mathcal{L}\{f(t)\}$ e $G(s) = \mathcal{L}\{g(t)\}$ existem para $s > a \geq 0$. Assim:

$$H(s) = F(s)G(s) = \mathcal{L}\{h(t)\}, \; s > 0$$

Em que:

$$h(t) = \int_0^t f(t-r)g(r)dr = \int_0^t f(r)g(t-r)dr$$

Diz-se que a função h é a convolução entre f e g e é denotada por $h(t) = (f \cdot g)(t)$.

Demonstração: Note que

$$\mathcal{L}\{h(t)\} = \int_0^{+\infty} e^{-st}\left[\int_0^t f(r)g(t-r)dr\right]dt = \int_0^{+\infty}\left[\int_0^t f(r)g(t-r)e^{-st}dr\right]dt =$$

$$= \int_0^{+\infty}\int_0^{+\infty} u_r(t)f(r)g(t-r)e^{-st}dr = \int_0^{+\infty} f(r)\left[\int_0^{+\infty} u_r(t)g(t-r)e^{-st}dt\right]dr$$

Em que $u_r(t)$ é a função degrau definida anteriormente. Observe que

$$\int_0^{+\infty} u_r(t)g(t-r)e^{-st}dt = \mathcal{L}\{u_r(t)g(t-r)\} = e^{-rs}\mathcal{L}\{g(t)\}$$

Assim:

$$\mathcal{L}\{h(t)\} = \int_0^{+\infty} f(r)\left[e^{-rs}\mathcal{L}\{g(t)\}\right]dr = \int_0^{+\infty} f(r)e^{-rs}dr\mathcal{L}\{g(t)\} = \mathcal{L}\{f(t)\}\mathcal{L}\{g(t)\}$$

como queríamos demonstrar.

A convolução, em geral, tem várias propriedades parecidas com a operação usual de multiplicação. São elas:

I. $f \cdot g = g \cdot f$
II. $f \cdot (g_1 + g_2) = f \cdot g_1 + f \cdot g_2$
III. $(f \cdot g) \cdot h = f \cdot (g \cdot h)$
IV. $f \cdot 0 = 0 \cdot f = 0$

Para demonstrar essas propriedades, utilize a definição dada no Teorema 5.9. A demonstração é deixada a cargo do leitor.

Exemplo 5.13

Encontre a transformada de Laplace da função dada por:

$$h(t) = \int_0^t (t-r)^2 \cos(2r) dr$$

Como h é a convolução entre as funções $f(t) = t^2$ e $g(t) = \cos(2t)$, então:

$$h(t) = (f \cdot g)(t)$$

Desse modo, pelo Teorema 5.9:

$$\mathcal{L}\{h(t)\} = \mathcal{L}\{f(t)\}\mathcal{L}\{g(t)\}$$

Em que:

$$\mathcal{L}\{f(t)\} = \mathcal{L}\{t^2\} = \frac{2}{s^3}, \ s > 0$$

$$\mathcal{L}\{g(t)\} = \mathcal{L}\{\cos(2t)\} = \frac{s}{s^2 + 4}, \ s > 0$$

Portanto:

$$\mathcal{L}\{h(t)\} = \frac{2}{s^2(s^2 + 4)}, \ s > 0$$

Síntese

Neste capítulo, você iniciou seu estudo com transformada de Laplace. Apresentamos aqui a definição de transformada dada pela integral imprópria

$$\mathcal{L}\{f(t)\} = F(s) = \int_0^{+\infty} e^{-st} f(t) dt$$

com a hipótese de $|f(t)| \leq Ke^{at}$ quando $t \geq M$, condição que garante a existência da integral.

Mostramos como encontrar transformadas de algumas funções apresentando algumas propriedades, como linearidade da transformada e propriedade da transformada da derivada de uma função, e conceitos de transformada inversa. Essas propriedades foram importantes para aplicarmos esse estudo de transformada de Laplace na resolução de equações diferenciais, sejam de primeira, sejam de segunda ordem.

Além disso, analisamos conceitos relativos à transformada da função degrau e da função delta de Dirac, aumentando significativamente as equações cuja solução seja possível de encontrar.

Atividades de autoavaliação

1) Resolva os itens a seguir.

 I. Encontre a transformada inversa da função $F(s) = \dfrac{3s}{s^2 - s - 6}$.

 II. Encontre a transformada inversa da função $G(s) = \dfrac{1 - e^{-2s}}{s^2}$.

Agora, assinale a alternativa em que sequência correta é dada:

a. $y(t) = \dfrac{9}{5}e^{3t} + \dfrac{6}{5}e^{-2t}$; $y(t) = 2t - u_2(t)(t - 2)$.

b. $y(t) = \dfrac{9}{5}e^{3t} + \dfrac{6}{5}e^{-2t}$; $y(t) = t - u_2(t)(t - 2)$.

c. $y(t) = \dfrac{9}{5}e^{2t} + \dfrac{6}{5}e^{-2t}$; $y(t) = t^2 - u_2(t)(t - 2)$.

d. $y(t) = \dfrac{9}{5}e^{3t} + \dfrac{6}{5}e^{-4t}$; $y(t) = t - u_2(t)(t - 2)$.

e. $y(t) = \dfrac{9}{5}e^{2t} + \dfrac{6}{5}e^{-3t}$; $y(t) = t - u_2(t)(t - 2)$.

2) Use frações parciais para encontrar o que se pede:

 I. Calcule $\mathcal{L}^{-1}\left\{\dfrac{2s + 5}{(s - 3)^2}\right\}$.

 II. Calcule $\mathcal{L}^{-1}\left\{\dfrac{\dfrac{s}{2} + \dfrac{5}{3}}{s^2 + 4s + 6}\right\}$.

Assinale a alternativa em que o resultado do cálculo que satisfaz esses itens é dado:

a. $y(t) = 2e^{-3t} + 11te^{3t}$; $y(t) = \dfrac{1}{2}e^{-2t}\cos(\sqrt{2}t) + \dfrac{\sqrt{2}}{3}e^{-2t}\sin(\sqrt{2}t)$.

b. $y(t) = 2e^{-3t} + 11te^{-3t}$; $y(t) = \dfrac{1}{2}e^{-2t}\cos(\sqrt{2}t) + \dfrac{\sqrt{2}}{3}e^{-2t}\cos(\sqrt{2}t)$.

c. $y(t) = 2e^{-3t} + 11te^{3t}$; $y(t) = \dfrac{1}{2}e^{-t}\cos(\sqrt{2}t) + \dfrac{\sqrt{2}}{3}e^{-2t}\cos(\sqrt{2}t)$.

d. $y(t) = 2e^{-4t} + 11te^{3t}$; $y(t) = \dfrac{1}{2}e^{-4t}\cos(\sqrt{2}t) + \dfrac{\sqrt{2}}{3}e^{-2t}\sin(\sqrt{2}t)$.

e. $y(t) = 2e^{-4t} + 11te^{-3t}$; $y(t) = \dfrac{1}{2}e^{-2t}\cos(\sqrt{2}t) + \dfrac{\sqrt{2}}{3}e^{-2t}\cos(\sqrt{2}t)$.

3) Resolva o problema de valor inicial a seguir:

$y'' - 6y' + 9y = t^2 e^{3t}$, $y(0) = 2$, $y'(0) = 17$

Agora, assinale a alternativa em que a solução encontrada é dada:

a. $y(t) = 2e^{3t} + 4te^{3t} + \dfrac{1}{12}t^4 e^{3t}$.

b. $y(t) = 12e^{3t} + 4te^{3t} + \dfrac{1}{12}t^4 e^{3t}$.

c. $y(t) = 12e^{3t} + 11te^{3t} + \dfrac{1}{12}t^4 e^{3t}$.

d. $y(t) = 2e^{3t} + 11te^{3t} + \dfrac{1}{12}t^4 e^{3t}$.

e. $y(t) = 12e^{3t} + 4te^{3t} + \dfrac{1}{12}t^3 e^{3t}$.

4) Determine a transformada de Laplace das seguintes funções:

I. $h(t) = \int_0^t \sin(t-r)\cos(r)\,dr$.

II. $g(t) = \int_0^t e^r \, dr$.

Agora, assinale a alternativa que contém a sequência correta:

a. $\mathcal{L}\{h(t)\} = \dfrac{2s}{(s^2+1)^2}$; $\mathcal{L}\{g(t)\} = \dfrac{1}{s(s+1)}$.

b. $\mathcal{L}\{h(t)\} = \dfrac{s}{(s^2+1)^2}$; $\mathcal{L}\{g(t)\} = \dfrac{1}{s(s-1)}$.

c. $\mathcal{L}\{h(t)\} = \dfrac{1}{(s^2+1)^2}$; $\mathcal{L}\{g(t)\} = \dfrac{2}{s(s-1)}$.

d. $\mathcal{L}\{h(t)\} = \dfrac{s}{(s^2+1)^2}$; $\mathcal{L}\{g(t)\} = \dfrac{1}{s(s+1)}$.

e. $\mathcal{L}\{h(t)\} = \dfrac{s}{(s^2+1)^2}$; $\mathcal{L}\{g(t)\} = \dfrac{1}{s^2(s-1)^2}$.

5) Considere o seguinte problema:

$$y'' + 2y' + 3y = \sin t + \delta(1 - 3\pi),\ y(0) = 0,\ y'(0) = 0$$

I. Inicialmente encontre a transformada de Laplace da função $f(t) = e^{at} \sin(bt)$.

II. Encontre a solução do problema proposto, para isso, possivelmente será necessário usar: frações parciais, linearidade de transformada, Teorema 5.6, resultados da seção 5.5 e o item (I) desse mesmo exercício.

Agora, assinale a alternativa em que a solução encontrada é dada:

a. $y(t) = \dfrac{1}{4}\sin t - \dfrac{1}{4}\cos t + \dfrac{1}{4}e^{-t}\cos(\sqrt{2}t) + \dfrac{1}{\sqrt{2}}u_{4\pi}(t)e^{-(t-4\pi)}\sin(\sqrt{2}(t-4\pi))$.

b. $y(t) = \dfrac{1}{4}\sin t + \dfrac{1}{4}\cos t - \dfrac{1}{4}e^{-t}\cos(\sqrt{2}t) + \dfrac{1}{\sqrt{2}}u_{3\pi}(t)e^{-(t-3\pi)}\sin(\sqrt{2}(t-3\pi))$.

c. $y(t) = \dfrac{1}{4}\sin t - \dfrac{1}{4}\cos t + \dfrac{1}{4}e^{-t}\cos(\sqrt{2}t) + \dfrac{1}{\sqrt{2}}u_{3\pi}(t)e^{-(t-3\pi)}\sin(\sqrt{2}(t-3\pi))$.

d. $y(t) = \dfrac{1}{4}\sin t + \dfrac{1}{4}\cos t - \dfrac{1}{4}e^{-t}\cos(\sqrt{2}t) - \dfrac{1}{\sqrt{2}}u_{3\pi}(t)e^{-(t-3\pi)}\sin(\sqrt{2}(t-3\pi))$.

e. $y(t) = \dfrac{1}{4}\sin t - \dfrac{1}{4}\cos t - \dfrac{1}{4}e^{-2t}\cos(\sqrt{2}t) - \dfrac{1}{\sqrt{2}}u_{3\pi}(t)e^{-(t-3\pi)}\sin(\sqrt{2}(t-3\pi))$.

Atividades de aprendizagem

Questões para reflexão

1) Faça uma pesquisa histórica sobre as transformadas de Laplace. Busque informações sobre seu surgimento, necessidades que o motivaram e áreas de aplicações. Se possível, discuta com seu grupo.

2) Existe uma classe muito especial de equações que são chamadas de *equações integrais*. Essa classe tem propriedades importantes e aplicações relevantes. Nesse sentido, busque informações a respeito dessa classe de equações e obtenha a transformada de Laplace por meio delas. Se possível, discuta com seu grupo sobre os resultados obtidos.

Atividade aplicada: prática

1) A aplicação da transformada de Laplace em equações diferenciais ocorre em diversos problemas. Por exemplo, em fenômenos cuja natureza é impulsiva, isto é, que ora têm um valor muito grande e ora não têm nenhum valor, existem equações que modelam esse tipo de acontecimento. Pensando em situações com essas características, elabore uma aula de 50 minutos, apresentando uma situação hipotética da engenharia com esse fenômeno. Pense em utilizar recursos digitais para exemplificar, por meio de animação, esse tipo de situação na aula.

Exercícios complementares

1) Responda as questões a seguir relativas aos assuntos tratados neste capítulo.
   a. Dada uma integral imprópria, como ela pode ser resolvida?
   b. Pense em uma integral imprópria e use o Teorema 5.1 para mostrar sua convergência ou divergência. Use, por exemplo, alguma variação do Exemplo 3.
   c. Em linhas gerais, o que é uma transformada de Laplace e quais as condições de existência?
   d. Dois dos principais resultados são o da linearidade da transformada e o da transformada de derivadas de uma função. Quais são eles?
   e. Relembre os teoremas de deslocamento.
   f. Relembre o que é uma convolução entre duas funções e mostre que não é verdade que (f · 1) (t) seja igual a *f(t)*. **Dica**: Use f(t) = cos t.

2) Resolva os seguintes itens:
   a. Conclua se a integral $\int_{1}^{+\infty} t^{-2} e^{t} dt$ converge ou diverge.

   b. Encontre a transformada de Laplace da função $f(t) = \sin(at)$, com $a \in \mathbb{R}$.

   c. Considerando $\sinh(at) = \dfrac{e^{at} - e^{-at}}{2}$, com $a \in \mathbb{R}$, encontre a transformada de Laplace dessa função.

3) Considere o seguinte problema de valor inicial:

   $y^{iv} - y = 0$, $y(0) = 0$, $y'(0) = 1$, $y''(0) = 0$, $y'''(0) = 0$

   Use o teorema da linearidade e da transformada de derivadas para encontrar a solução dessa equação.

   Dica: Será preciso usar frações parciais e as transformadas obtidas no exercício 1(b) e 1(c).

4) Dada uma função *f* contínua, mostre que, se $\mathcal{L}\{f(t)\} = F(s)$ existe, então

$$\mathcal{L}\left\{\int_{0}^{t} f(r) dr\right\} = \frac{F(s)}{s}$$

Neste capítulo, vamos tratar de sistemas de equações. Em algumas situações, são encontrados problemas do tipo em que é necessário resolver um sistema de equações, como será visto, por exemplo, na primeira seção, a respeito de motivação. Em todo o capítulo, é desejável que você já esteja familiarizado com conceitos básicos sobre operações com matrizes. As demais ferramentas serão apresentadas no decorrer do texto.

Vamos resolver aqui sistemas de equações diferenciais do tipo homogêneo com coeficientes constantes. Você notará semelhanças com o que estudou no terceiro capítulo, quando tratamos de equações diferenciais de segunda ordem também de coeficientes constantes.

6
Sistemas de equações diferenciais lineares

6.1 Motivação
Considere a seguinte equação diferencial:

$$y'' + by' + cy = F(t) \qquad (1)$$

Em que $b, c \in \mathbb{R}$. Note que a equação (1) é uma equação diferencial ordinária (EDO) de coeficientes constantes, como a que estudamos no Capítulo 3. Vamos buscar uma abordagem diferente para esse problema? Para isso, faça $x_1 = y$ e $x_2 = y'$. Assim, teremos $x' = y' = x_2$ e $x'_2 = y'' = -by' - cy + F(t)$, ou ainda, $x'_2 = -bx_2 - cx_1 + F(t)$.

De forma resumida, obtemos:

$$\begin{cases} x'_1 = x_2 \\ x'_2 = -bx_2 - cx_1 + F(t) \end{cases}$$

que pode ser reescrito da forma:

$$x'(t) = Px(t) + g(t) \qquad (2)$$

sendo $x = \begin{pmatrix} x_1 \\ x_2 \end{pmatrix}$, $P = \begin{pmatrix} 0 & 1 \\ -c & -b \end{pmatrix}$ e $g(t) = \begin{pmatrix} 0 \\ F(t) \end{pmatrix}$.

Nesse contexto, observe que partimos de uma equação de segunda ordem e reduzimos a duas equações de primeira ordem da forma (2). Em vista disso, este capítulo é dedicado a tratar o problema (2) e, sob certas condições, buscar soluções para esse problema.

6.2 Breve revisão sobre sistemas de equações lineares
Nesta seção, vamos abordar alguns conceitos necessários sobre sistemas de equações lineares, combinação linear, autovalores e autovetores.

6.2.1 Sistemas de equações lineares
Vamos começar por definir o que é um *sistema de equações*.

Definição 6.1

Um conjunto com m equações lineares e n variáveis cada uma é da forma:

$$\begin{cases} a_{11}x_1 + \cdots + a_{1n}x_n = b_1 \\ \vdots \quad \ddots \quad \vdots \\ a_{m1}x_1 + \cdots + a_{mn}x_n = b_m \end{cases}$$

e ainda pode ser reescrito na forma:

$$Ax = b \qquad (3)$$

Em que $x = \begin{pmatrix} x_1 \\ \vdots \\ x_m \end{pmatrix}$, $A = \begin{pmatrix} a_{11} & \cdots & a_{1n} \\ \vdots & \ddots & \vdots \\ a_{m1} & \cdots & a_{mn} \end{pmatrix}$ e $b = \begin{pmatrix} b_1 \\ \vdots \\ b_m \end{pmatrix}$.

Dizemos que o sistema é *homogêneo* se, em (3), acontecer de $b = 0$. Caso contrário, é dito *não homogêneo*.

Além disso, para a equação **Ax = b**, se **A** $\in M_n(\mathbb{R})$ (espaço vetorial das matrizes quadradas de ordem n com coeficientes reais), é tal que $\det A \neq 0$, então, **A** é invertível. Sendo assim, a solução é única e dada por:

$$x = A^{-1}b$$

Se for o caso homogêneo, segue que a solução do sistema é a trivial ($x = 0$).

Notação: Quando usarmos 0, estaremos nos referindo ao vetor nulo, seja ele $0 = \begin{pmatrix} 0 \\ 0 \\ 0 \end{pmatrix}$, $0 = \begin{pmatrix} 0 \\ 0 \\ 0 \\ 0 \end{pmatrix}$,

seja de ordem maior, sendo especificado sempre que usado ou omitido por motivo evidente da ordem que está sendo trabalhada.

Em particular, em alguns momentos, denotaremos vetores como $v^{(i)}$, sendo i número natural. Essa notação ficará mais clara na próxima definição.

Definição 6.2

Dependência e independência linear: seja V um espaço vetorial e $x^{(1)}, x^{(2)}, \ldots, x^{(k)}$ vetores em V. Dizemos que esse conjunto é *linearmente independente* (LI) se existem $a_1, a_2, \ldots, a_k \in \mathbb{C}$, tais que, se

$$a_1 x^{(1)} + a_2 x^{(2)} + \ldots + a_k x^{(k)} = 0$$

então, $a_1 = a_2 = \ldots = a_k = 0$. Se esses escalares não são todos nulos, diremos que o conjunto de vetores é *linearmente dependente* (LD).

Exemplo 6.1

Considere os seguintes vetores:

$$x^{(1)} = \begin{pmatrix} 1 \\ 2 \end{pmatrix}, \; x^{(2)} = \begin{pmatrix} 0 \\ 2 \end{pmatrix}$$

Tome a combinação $a_1 x^{(1)} + a_2 x^{(2)} = 0$. Isso implica que $a_1 = 0$ e $a_2 = 0$, ou seja, o conjunto desses dois vetores é LI. Todavia, considere:

$$x^{(1)} = \begin{pmatrix} 1 \\ 3 \end{pmatrix}, \; x^{(2)} = \begin{pmatrix} 3 \\ 9 \end{pmatrix}$$

Veja que, se tomarmos a combinação $a_1 x^{(1)} + a_2 x^{(2)} = 0$, teremos $a_1 = -3$ e $a_2 = 1$, ou seja, o conjunto desses vetores é LD.

De maneira análoga, esses conceitos podem ser definidos para funções.

6.2.2 Autovalores e autovetores

Consideremos uma matriz $A \in M_n(\mathbb{R})$. Para a equação $Ax = y$, como podemos encontrar um vetor que, ao aplicar a matriz A, resultará num múltiplo desse vetor? Queremos dizer que, em vez de $Ax = y$, queremos $Ax = \lambda x$.

Desse modo:

$$Ax = \lambda x \Leftrightarrow Ax - \lambda x = 0 \Leftrightarrow (A - \lambda I)x = 0.$$

Observe que, se $\det(A - \lambda I) \neq 0$, teremos que $(A - \lambda I)$ é invertível, portanto, a única solução é a trivial, caso nada interessante. Sendo assim, suponha $\det(A - \lambda I) = 0$. Essa discussão sugere a próxima definição.

Definição 6.3

Para os valores de λ que satisfazem a equação

$$\det(A - \lambda I) = 0$$

é dada o nome de *autovalores da matriz A*.

Note que

$$\det(A - \lambda I) = a_n \lambda^n + a_{n-1} \lambda^{n-1} + \ldots + a_1 x + a_0 = P(\lambda)$$

o qual chamamos de *polinômio característico de grau n* – observe que o grau do polinômio é igual à ordem da matriz A. Sendo assim, para encontrar os autovalores da matriz A, basta encontrar as raízes do polinômio característico e, sendo ele de grau n, existem $\lambda_1, \lambda_2, \ldots, \lambda_n$ autovalores, sendo possível que sejam raízes reais distintas, complexas conjugadas ou repetidas.

Desse modo, suponha que existam R raízes repetidas. Para isso, dizemos que o autovalor tem *multiplicidade algébrica* R. Cada autovalor tem, pelo menos, um autovetor associado (que cumpre $Av = \lambda v$) e, para um autovalor de multiplicidade algébrica R, existem Q autovetores LI. Esse número Q é dito *multiplicidade geométrica*, sendo $1 \leq Q \leq R$.

Na seção Bibliografia comentada, indicamos Coelho (2005) para que você possa conhecer mais detalhes sobre esses conceitos.

Exemplo 6.2

Dada a matriz

$$A = \begin{pmatrix} 1 & 2 \\ -1 & 4 \end{pmatrix}$$

vamos encontrar os autovalores e os autovetores.

Como foi visto, devemos encontrar as raízes do polinômio característico, dadas por

$$\det(A - \lambda I) = 0$$

isto é,

$$\begin{vmatrix} 1 - \lambda & 2 \\ -1 & 4 - \lambda \end{vmatrix} = 0 \Rightarrow (1 - \lambda)(4 - \lambda) + 2 = 0$$

cujas raízes (autovalores) são $\lambda_1 = 2$ e $\lambda_2 = 3$. Sendo assim, para $\lambda_1 = 2$, fazemos: $(A - \lambda_1 I)v^{(1)} = 0$ com $v^{(1)} = \begin{pmatrix} x_1 \\ x_2 \end{pmatrix}$, isto é:

$$\begin{pmatrix} 1-2 & 2 \\ -1 & 4-2 \end{pmatrix}\begin{pmatrix} x_1 \\ x_2 \end{pmatrix} = \begin{pmatrix} 0 \\ 0 \end{pmatrix} \Rightarrow \begin{pmatrix} -1 & 2 \\ -1 & 2 \end{pmatrix}\begin{pmatrix} x_1 \\ x_2 \end{pmatrix} = \begin{pmatrix} 0 \\ 0 \end{pmatrix} \Rightarrow x_1 = 2x_2$$

Assim, tomando $x_2 = 1$, o autovetor associado ao autovalor λ_1 é dado por $v^{(1)} = \begin{pmatrix} 2 \\ 1 \end{pmatrix}$. Para $\lambda_2 = 3$, fazemos: $(A - \lambda_2 I)v^{(2)} = 0$ com $v^{(2)} = \begin{pmatrix} x_1 \\ x_2 \end{pmatrix}$, isto é:

$$\begin{pmatrix} 1-3 & 2 \\ -1 & 4-3 \end{pmatrix}\begin{pmatrix} x_1 \\ x_2 \end{pmatrix} = \begin{pmatrix} 0 \\ 0 \end{pmatrix} \Rightarrow \begin{pmatrix} -2 & 2 \\ -1 & 1 \end{pmatrix}\begin{pmatrix} x_1 \\ x_2 \end{pmatrix} = \begin{pmatrix} 0 \\ 0 \end{pmatrix} \Rightarrow x_1 = x_2$$

Assim, tomando $x_2 = 1$, o autovetor associado ao autovalor λ_2 é dado por $v^{(2)} = \begin{pmatrix} 1 \\ 1 \end{pmatrix}$.

6.3 Sistemas de equações diferenciais de primeira ordem

Suponha que tenhamos n equações diferenciais lineares de primeira ordem, digamos:

$x'_1 = a_{11}(t)x_1 + \ldots + a_{1n}(t)x_n + g_1(t)$
$x'_2 = a_{21}(t)x_1 + \ldots + a_{2n}(t)x_n + g_2(t)$
$x'_n = a_{n1}(t)x_1 + \ldots + a_{nn}(t)x_n + g_n(t)$

Observe que podemos escrever esse sistema da forma:

$$x' = A(t)x + g(t), \alpha < t < \beta \qquad (4)$$

Em que $x = \begin{pmatrix} x_1 \\ \vdots \\ x_n \end{pmatrix}$, $A(t) = \begin{pmatrix} a_{11} & \cdots & a_{1n} \\ \vdots & \ddots & \vdots \\ a_{n1} & \cdots & a_{nn} \end{pmatrix}$ e $g(t) = \begin{pmatrix} g_1(t) \\ \vdots \\ g_n(t) \end{pmatrix}$.

Para garantir solução de (4), é enunciado o próximo teorema.

Teorema 6.1

Se as funções $a_{11}(t), \ldots, a_{nn}(t)$ e $g_1(t), \ldots, g_n(t)$ forem contínuas em $\alpha < t < \beta$, então, existe uma única solução $x_1 = \phi_1(t), \ldots, x_n = \phi_n(t)$ de (4) para $\alpha < t < \beta$.

Demonstração: Veja Zill e Cullen (2016).

Se $g(t) = 0$, então, o sistema (4) é dito *sistema de equações diferenciais homogêneos*. Neste texto, trabalharemos apenas com esse caso, logo, a menos que se diga o contrário, daqui em diante um sistema de equações será sempre homogêneo. Vejamos, em seguida, algumas propriedades referentes a esse caso.

Teorema 6.2

Se $x^{(1)}, x^{(2)}, \ldots, x^{(n)}$ são soluções do sistema $x' = A(t)x$, então, a combinação linear

$c_1 x^{(1)} + \ldots + c_2 x^{(n)}$

também é solução ($c_1, c_2, \ldots, c_n \in \mathbb{C}$).

Demonstração: Dado que $x^{(1)}, x^{(2)}, \ldots, x^{(n)}$ são soluções do sistema $x' = Ax$, segue que:

$x^{(1)'} = A(t)x^{(1)}$
$x^{(2)'} = A(t)x^{(2)}$
$x^{(n)'} = A(t)x^{(n)}$

Assim:

$$c_1 x^{(1)\prime} = c_1 A(t) x^{(1)}$$
$$c_2 x^{(2)\prime} = c_2 A(t) x^{(2)}$$
$$c_n x^{(n)\prime} = c_n A(t) x^{(n)}$$

Portanto, fazendo a soma de todas essas equações, temos:

$$c_1 x^{(1)\prime} + c_2 x^{(2)} + \ldots + c_n x^{(n)\prime} = c_1 A(t) x^{(1)} + c_2 A(t) x^{(2)} + \ldots + c_n A(t) x^{(n)}$$
$$(c_1 x^{(1)} + \ldots + c_n x^{(n)})' = A(t)(c_1 x^{(1)} + \ldots + c_n x^{(n)})$$

mostrando que $(c_1 x^{(1)} + \ldots + c_n x^{(n)})$ é solução do sistema.

Definição 6.4

(Wronskiano) Sejam $x^{(1)}, \ldots, x^{(n)}$ funções em $\mathbb{R}^n$ definidas em $a < t < \beta$. Desse modo:

$$x^{(1)} = (x_{11}(t), x_{21}(t), \ldots, x_{n1}(t))$$
$$x^{(2)} = (x_{12}(t), x_{22}(t), \ldots, x_{n2}(t))$$
$$x^{(n)} = (x_{1n}(t), x_{2n}(t), \ldots, x_{nn}(t))$$

Considere $X(t) = (x^{(1)} | x^{(2)} | \ldots | x^{(n)})$ (matriz cujas colunas são formadas por esses vetores $x^{(i)}$) e denote por

$$W[x^{(1)}, x^{(2)}, \ldots, x^{(n)}] = \det X(t)$$

Em que é dado o nome de *wronskiano* das funções $x^{(1)}, x^{(2)}, \ldots, x^{(n)}$.

Teorema 6.3

Uma matriz quadrada tem seu determinante diferente de zero se, e somente se, suas colunas são LI.

Demonstração: Veja Coelho e Lourenço (2005).

> **Importante!**
> Com o Teorema 6.3, concluímos que o wronskiano é diferente de zero em $\alpha < t < \beta$ se e somente se as funções $x^{(1)}, \ldots, x^{(n)}$ são LI.

Teorema 6.4

Se $x^{(1)}, \ldots x^{(n)}$ são soluções da equação $x' = A(t)x$ em $\alpha < t < \beta$, então, ou $W[x^{(1)}, x^{(2)}, \ldots, x^{(n)}]$ é nulo ou nunca se anula nesse intervalo.

Demonstração: Veja Zill e Cullen (2016).

O Teorema 6.4 estabelece que, para analisar se essas soluções formam um conjunto fundamental de soluções (esse conceito já foi definido no Capítulo 3), basta tomar um ponto conveniente no intervalo $\alpha < t < \beta$.

6.4 Sistemas de equações lineares homogêneo com coeficientes constantes

Neste momento, vamos nos concentrar em buscar soluções para o sistema

$$x' = A(t)x$$

Em que vamos considerar $A(t) = A$. Isso quer dizer que os coeficientes da matriz A são todos constantes (isto é, $A \in M_n(\mathbb{R})$).

Compreenda que, se tivéssemos $A \in M_n(\mathbb{R})$, teríamos o caso $x' = ax$, cuja solução é dada por $x(t) = ce^{at}$.

Desse modo, a solução a ser buscada é semelhante a essa, porém dada por:

$$x(t) = ve^{rt}, \ v \in \mathbb{R}^n, \ r \in \mathbb{R} \qquad (5)$$

Desse modo, como $x' = Ax$, implica que, supondo (5) como solução desse sistema:

$(ve^{rt})' = A(ve^{rt})$

$rve^{rt} = Ave^{rt} \Rightarrow Av = rv \Rightarrow Av - rv = 0 \Rightarrow (A - rI)v = 0$

Desse modo, para resolver o sistema $x' = Ax$, supondo solução da forma $x(t) = ve^{rt}$, devemos encontrar os autovalores e autovetores associados da equação dada em $(A - rI)v = 0$.

Exemplo 6.3

Considere o sistema

$$x' = \begin{pmatrix} 3 & 3 \\ 12 & 3 \end{pmatrix} x$$

Como vimos, ao supor que a solução é $x = ve^{rt}$, somos levados a encontrar os autovalores e autovetores associados a essa matriz. Sendo assim, para $\det(A - rI) = 0$, temos:

$$\begin{vmatrix} 3-r & 3 \\ 12 & 3-r \end{vmatrix} = 0 \Rightarrow (3-r)(3+r) - 36 = 0$$

cujas raízes (autovalores) são $r_1 = -3$ e $r_2 = 9$.

Para $r_1 = -3$, temos:

$$\begin{pmatrix} 3-(-3) & 3 \\ 12 & 3-(-3) \end{pmatrix} \begin{pmatrix} x_1 \\ x_2 \end{pmatrix} = \begin{pmatrix} 0 \\ 0 \end{pmatrix} \Rightarrow \begin{pmatrix} 6 & 3 \\ 12 & 6 \end{pmatrix} \begin{pmatrix} x_1 \\ x_2 \end{pmatrix} = \begin{pmatrix} 0 \\ 0 \end{pmatrix} \Rightarrow x_2 = -2x_1$$

Portanto, o autovetor $v^{(1)} = \begin{pmatrix} x_1 \\ x_2 \end{pmatrix}$, associado ao autovalor $r_1 = -3$, é dado por:

$$v^{(1)} = \begin{pmatrix} 1 \\ -2 \end{pmatrix}$$

Para $r_2 = 9$, temos:

$$\begin{pmatrix} 3-(9) & 3 \\ 12 & 3-(9) \end{pmatrix} \begin{pmatrix} x_1 \\ x_2 \end{pmatrix} = \begin{pmatrix} 0 \\ 0 \end{pmatrix} \Rightarrow \begin{pmatrix} -6 & 3 \\ 12 & -6 \end{pmatrix} \begin{pmatrix} x_1 \\ x_2 \end{pmatrix} = \begin{pmatrix} 0 \\ 0 \end{pmatrix} \Rightarrow x_2 = 2x_1$$

Portanto, o autovetor $v^{(2)} = \begin{pmatrix} x_1 \\ x_2 \end{pmatrix}$, associado ao autovalor $r_2 = 9$, é dado por:

$$v^{(2)} = \begin{pmatrix} 1 \\ 2 \end{pmatrix}$$

Logo, as soluções do sistema são dadas por:

$$x^{(1)}(t) = \begin{pmatrix} 1 \\ -2 \end{pmatrix} e^{-3t}$$

$$x^{(2)}(t) = \begin{pmatrix} 1 \\ 2 \end{pmatrix} e^{9t}$$

Além disso, o wronskiano dessas soluções é dado por:

$$W\left[x^{(1)}, x^{(2)}\right] = \begin{vmatrix} e^{-3t} & e^{9t} \\ -2e^{-3t} & 2e^{9t} \end{vmatrix} = 4e^{6t} \neq 0, \forall t \in \mathbb{R}$$

Ou seja, essas soluções formam um conjunto fundamental de soluções, portanto, a solução geral do sistema é dada por

$$x(t) = c_1 x^{(1)}(t) + c_2 x^{(2)}(t)$$

Em que c_1 e c_2 são constantes reais.

Exemplo 6.4

Resolva seguinte a equação:

$$x' = \begin{pmatrix} 3 & 2 & 4 \\ 2 & 0 & 2 \\ 4 & 2 & 3 \end{pmatrix} x$$

Para a solução da forma $x = ve^{rt}$, você deve encontrar os autovalores e autovetores associados a essa matriz. Sendo assim, para $\det(A - rI) = 0$ teremos o polinômio característico dado por:

$$\det(A - rI) = -r^3 + 6r^2 + 15r + 8 = 0$$

que podemos fatorar como $(r - 8)(r + 1)^2 = 0$.

Assim, os autovalores são $r_1 = 8$ e $r_2 = -1$ (note que este último tem multiplicidade algébrica dois).

Para $r_1 = 8$, vamos encontrar o autovetor associado $v^{(1)} = \begin{pmatrix} 2 \\ 1 \\ 2 \end{pmatrix}$. Para $r_2 = -1$, vamos encontrar dois autovetores, que são: $v^{(2)} = \begin{pmatrix} 1 \\ -2 \\ 0 \end{pmatrix}$ e $v^{(3)} = \begin{pmatrix} 0 \\ -2 \\ 1 \end{pmatrix}$.

Logo é possível mostrar que o wronskiano é diferente de zero e, consequentemente, essas soluções formam um conjunto fundamental, sendo possível dizer que a solução geral do sistema é dada por:

$$x(t) = c_1 \begin{pmatrix} 2 \\ 1 \\ 2 \end{pmatrix} e^{8t} + c_2 \begin{pmatrix} 1 \\ -2 \\ 0 \end{pmatrix} e^{-t} + c_3 \begin{pmatrix} 0 \\ -2 \\ 1 \end{pmatrix} e^{-t}$$

Exemplo 6.5

Considere o seguinte sistema

$$x' = \begin{pmatrix} 3 & -4 \\ 1 & -1 \end{pmatrix} x$$

De modo totalmente análogo aos exemplos anteriores, encontramos:

$$\det(A - rI) = (r - 1)^2 = 0$$

Isso quer dizer que existe apenas um autovalor, que tem multiplicidade algébrica dois. Desse modo, análogo ao que foi feito nos exemplos anteriores, vamos encontrar o autovetor associado dado por $v^{(1)} = \begin{pmatrix} 2 \\ 1 \end{pmatrix}$. Assim, a solução é dada por $x^{(1)} = \begin{pmatrix} 2 \\ 1 \end{pmatrix} e^t$.

Como já dissemos anteriormente, existem três possibilidades para os autovalores, são elas:

I. Todos os autovalores são reais e distintos entre si.
II. Alguns autovalores são conjugados.
III. Alguns autovalores são repetidos.

Em vista disso, vamos analisar as soluções para cada tipo de autovalor.

6.4.1 Autovalores reais e distintos entre si

Dados $r_1, \ldots r_n$ autovalores reais e distintos entre si, existe para cada autovalor um autovetor associado $v^{(i)}$, $i = 1, 2, \ldots, n$, sendo eles LI. Assim, teremos:

$$x^{(1)} = v^{(1)} e^{r_1 t}; \; x^{(2)} = v^{(2)} e^{r_2 t}; \; \ldots ; \; x^{(n)} = v^{(n)} e^{r_n t}$$

são soluções do sistema, e como

$$W\left[x^{(1)}, x^{(2)}, \ldots, x^{(n)}\right] = \begin{bmatrix} v_1^{(1)} e^{r_1 t} & \cdots & v_1^{(n)} e^{r_n t} \\ \vdots & \ddots & \vdots \\ v_n^{(1)} e^{r_1 t} & \cdots & v_n^{(n)} e^{r_n t} \end{bmatrix} = e^{(r_1 + r_2 + \ldots + r_n)t} \begin{bmatrix} v_1^{(1)} & \cdots & v_1^{(n)} \\ \vdots & \ddots & \vdots \\ v_n^{(1)} & \cdots & v_n^{(n)} \end{bmatrix}$$

dado que o conjunto de vetores $v^{(1)}, v^{(2)}, \ldots, v^{(n)}$, são LI, segue, pelo Teorema 6.3, que o determinante é diferente de zero e, como a função exponencial nunca se anula, que o wronskiano é diferente de zero, resultando que esse conjunto de soluções forma um conjunto fundamental de soluções, sendo a solução geral dada pela combinação linear delas.

6.4.2 Autovalores complexos

Suponha que tenhamos autovalores complexos conjugados, digamos:

$r_1 = a + bi$

$r_1 = a - bi$

para $a, b \in \mathbb{R}$. Nesse caso, os autovetores associados $v^{(1)}$ e $v^{(2)}$ são também complexos conjugados. De fato, note que:

$$(A - r_1 I) v^{(1)} = 0 \Rightarrow \overline{(A - r_1 I) v^{(1)}} = 0 \Rightarrow (A - r_2 I) \overline{v^{(1)}} = 0 = (A - r_2 I) v^{(2)}$$

Portanto, $\overline{v^{(1)}} = v^{(2)}$.

Desse modo, $x^1(t) = v^{(1)} e^{r_1 t}$ e $x^2(t) = \overline{v^{(1)}} e^{\overline{r_1} t}$ são soluções da equação (em que são complexas conjugadas).

O próximo teorema oferece uma maneira mais compacta de escrever a solução quando estamos no caso complexo.

Teorema 6.5

Seja $r_1 = a + bi$ um autovalor da matriz A.

Assim:

$S_1 = C_1 e^{at} \cos(bt) - C_2 e^{at} \sin(bt)$
$S_2 = C_2 e^{at} \cos(bt) - C_1 e^{at} \sin(bt)$

são soluções do sistema $x' = Ax$, para $C_1 = \dfrac{1}{2}\left(v^{(1)} + \overline{v^{(1)}}\right)$ e $C_2 = \dfrac{i}{2}\left(-v^{(1)} + \overline{v^{(1)}}\right)$.

Demonstração: Como vimos anteriormente, se $r_1 = a + bi$ é um autovalor, segue que são soluções do sistema as expressões dadas em $v^{(1)} e^{r_1 t}$ e $\overline{v^{(1)}} e^{\overline{r_1} t}$, sendo $v^{(1)}$ o autovetor associado ao autovalor r_1. Desse modo:

$$v^{(1)} e^{r_1 t} = v^{(1)} e^{at}\left(\cos(bt) + i \sin(bt)\right)$$
$$\overline{v^{(1)}} e^{\overline{r_1} t} = \overline{v^{(1)}} e^{at}\left(\cos(bt) - i \sin(bt)\right)$$

Visto que essas expressões são soluções, segue, pelo princípio da superposição, que

$$S_1 = \frac{1}{2}\left(v^{(1)} e^{r_1 t} + \overline{v^{(1)}} e^{\overline{r_1} t}\right)$$
$$S_2 = \frac{i}{2}\left(-v^{(1)} e^{r_1 t} + \overline{v^{(1)}} e^{\overline{r_1} t}\right)$$

também são soluções. Efetuando algumas simplificações, segue que

$$S_1 = \frac{1}{2}\left(v^{(1)} + \overline{v^{(1)}}\right) e^{at} \cos(bt) + \frac{1}{2}\left(v^{(1)} + \overline{v^{(1)}}\right) e^{at} \sin(bt)$$
$$S_2 = \frac{i}{2}\left(-v^{(1)} + \overline{v^{(1)}}\right) e^{at} \cos(bt) + \frac{1}{2}\left(v^{(1)} + \overline{v^{(1)}}\right) e^{at} \sin(bt)$$

Note que, se tivermos um número complexo, dado por $w = c + di$,

$$\frac{1}{2}(w + \overline{w}) = c \in \mathbb{R}$$
$$\frac{i}{2}(-w + \overline{w}) = d \in \mathbb{R}$$

Em vista disso, análogo para esses vetores colunas, podemos simplesmente escrever as soluções S_1 e S_2 anteriores como:

$S_1 = C_1 e^{at} \cos(bt) - C_2 e^{at} \sin(bt)$
$S_2 = C_2 e^{at} \cos(bt) - C_1 e^{at} \sin(bt)$

sendo $C_1 = \dfrac{1}{2}\left(v^{(1)} + \overline{v^{(1)}}\right)$ e $C_2 = \dfrac{i}{2}\left(-v^{(1)} + \overline{v^{(1)}}\right)$.

Exemplo 6.6

Considere o seguinte sistema de equações:

$$\frac{dx_1}{dt} = 6x_1 - x_2$$

$$\frac{dx_2}{dt} = 5x_1 + 4x_2$$

Observe que podemos reescrever esse sistema da forma

$$x' = \begin{pmatrix} 6 & -1 \\ 5 & 4 \end{pmatrix} x$$

Em que $x = \begin{pmatrix} x_1 \\ x_2 \end{pmatrix}$.

Note que

$$\det(A - rI) = r^2 - 10r + 29 = 0$$

implicando autovalores $r_1 = 5 + 2i$ e $r_2 = 5 - 2i$.

Para $r_1 = 5 + 2i$, encontraremos autovetor associado dado por:

$$v^{(1)} = \begin{pmatrix} 1 \\ 1 - 2i \end{pmatrix}$$

Para $r_2 = 5 + 2i$, encontraremos autovetor associado dado por:

$$v^{(2)} = \begin{pmatrix} 1 \\ 1 + 2i \end{pmatrix}$$

Desse modo, a solução geral, de acordo com o teorema precedente, é dada por:

$$x(t) = C_1 \left[\begin{pmatrix} 1 \\ 1 \end{pmatrix} \cos(2t) - \begin{pmatrix} 0 \\ -2 \end{pmatrix} \sin(2t) \right] e^{5t} + C_2 \left[\begin{pmatrix} 0 \\ -2 \end{pmatrix} \cos(2t) + \begin{pmatrix} 1 \\ 1 \end{pmatrix} \sin(2t) \right] e^{5t}$$

6.4.3 Autovalores repetidos

É possível que tenhamos a seguinte situação: um autovalor com multiplicidade algébrica $k \geq 2$, cuja multiplicidade geométrica seja menor que k, ou seja, há uma quantidade menor de vetores LI associados a esse autovalor (como no Exemplo 6.5). Nessas condições, de que modo podemos determinar outra solução e assim obter uma solução geral do sistema de equações?

É sobre isso que iremos discorrer a seguir.

Considere o seguinte sistema:

x' = Ax

cujo polinômio característico é dado por:

P(r) = det(A − rI) = 0

Suponha r_1 uma raiz (autovalor) cuja multiplicidade seja k. Para esse autovalor, existem duas possibilidades, que são:

I. Existem k autovetores LI associados a esse autovalor.
II. Existe menos que k autovetores associados a esse autovalor.

Caso ocorra (I), não há dificuldade para escrever as respectivas soluções. Entretanto, para o caso (II), iremos analisar dois casos particulares.

Caso 1

Suponha k = 2 e que exista um autovetor $v^{(1)}$ associado a esse autovalor r_1. Suponha uma segunda solução do sistema desta forma

$x^{(2)}(t) = v^{(1)} t e^{r_1 t} + P e^{r_1 t}$

Em que $v^{(1)} = \begin{pmatrix} v_1 \\ \vdots \\ v_n \end{pmatrix}$ e $P = \begin{pmatrix} p_1 \\ \vdots \\ p_n \end{pmatrix}$.

Com isso, supondo ser solução, substituímos na expressão do sistema, isto é:

$(v^{(1)} t e^{r_1 t} + P e^{r_1 t})' = A(v^{(1)} t e^{r_1 t} + P e^{r_1 t})$

Dessa forma, aplicando a derivada nas parcelas do lado esquerdo e fazendo algumas simplificações, resulta que devem ser satisfeitas duas condições:

$$(A - r_1 I)v^{(1)} = 0 \tag{6}$$

$$(A - r_1 I)P = v^{(1)} \tag{7}$$

Veja que a equação (6) diz que $v^{(1)}$ é autovetor associado ao autovalor r_1 (já partimos dessa condição). Já a equação (7) diz como encontrar o vetor P e, portanto, montar a solução $x^{(2)}(t)$.

Voltemos ao Exemplo 6.5, em que havia um autovalor $r_1 = 1$ com multiplicidade dois e autovetor associado dado por $v^{(1)} = \begin{pmatrix} 2 \\ 1 \end{pmatrix}$, cuja primeira solução é dada por $x^{(1)}(t) = \begin{pmatrix} 2 \\ 1 \end{pmatrix} e^t$. Para obter a segunda solução, temos de resolver:

$$(A - r_1I)P = v^{(1)} \Rightarrow \begin{pmatrix} 2 & -4 \\ 1 & -2 \end{pmatrix} \begin{pmatrix} p_1 \\ p_2 \end{pmatrix} = \begin{pmatrix} 2 \\ 1 \end{pmatrix} \Rightarrow p_1 = 1 + 2p_2$$

Existem infinitas soluções para esse sistema. Escolha $p_1 = 1$, de modo que fica $p_2 = 0$. Sendo assim, podemos tomar $P = \begin{pmatrix} 1 \\ 0 \end{pmatrix}$. Logo a segunda solução é dada por:

$$x^{(2)}(t) = \begin{pmatrix} 2 \\ 1 \end{pmatrix} te^t + \begin{pmatrix} 1 \\ 0 \end{pmatrix} e^t$$

Portanto, a solução geral é dada por:

$$x(t) = c_1 x^{(1)}(t) + c_2 x^{(2)}(t)$$

Caso 2

Suponha $k = 3$. Para obter a segunda solução, use o procedimento do Caso 1; já para obter uma terceira solução, suponha que ela seja da forma:

$$x^{(3)}(t) = v^{(1)} \frac{t^2}{2} e^{r_1 t} + Pte^{r_1 t} + Qe^{r_1 t}$$

Substituindo na equação $x' = Ax$, temos:

$$\left(v^{(1)} \frac{t^2}{2} e^{r_1 t} + Pte^{r_1 t} + Qe^{r_1 t} \right)' = A \left(v^{(1)} \frac{t^2}{2} e^{r_1 t} + Pte^{r_1 t} + Qe^{r_1 t} \right)$$

Efetuando algumas simplificações, teremos que:

$(A - r_1I)v^{(1)} = 0$	(8)

$(A - r_1I)P = v^{(1)}$	(9)

$(A - r_1I)Q = P$	(10)

Note que em (8), temos a condição da qual partimos. Em (9), temos a mesma condição para obter uma segunda solução e, em (10), encontrado o vetor P, encontraremos o vetor Q e, assim, completaremos a terceira solução.

Exemplo 6.7

Considere um sistema

$$\frac{dx_1}{dt} = x_1 + x_2 + x_3$$

$$\frac{dx_2}{dt} = 2x_1 + x_2 - x_3$$

$$\frac{dx_3}{dt} = -3x_1 + 2x_2 + 4x_3$$

Note que podemos reescrever esse sistema da forma:

$$x' = \begin{pmatrix} 1 & 1 & 1 \\ 2 & 1 & -1 \\ -3 & 2 & 4 \end{pmatrix} x$$

Em que $x = \begin{pmatrix} x_1 \\ x_2 \\ x_3 \end{pmatrix}$. Sendo assim, como $\det(A - rI) = (r - 2)^3$, implica que o autovalor associado é $r_1 = 2$, com multiplicidade algébrica três. Para esse autovalor, encontraremos um autovetor associado $v^{(1)} = \begin{pmatrix} 0 \\ 1 \\ -1 \end{pmatrix}$. Sendo assim, resolvendo a equação da condição dada em (9), encontraremos $P = \begin{pmatrix} 1 \\ 1 \\ 0 \end{pmatrix}$. Além disso, usando esse vetor na condição (10), encontraremos o vetor $Q = \begin{pmatrix} 2 \\ 3 \\ 0 \end{pmatrix}$.

Desse modo, encontradas todas as três soluções, basta tomar a combinação linear delas que chegaremos à solução geral do sistema.

Síntese

Neste capítulo, mostramos como resolver sistemas de equações diferenciais lineares. De certa forma, esse estudo é uma generalização do que foi feito para equações diferenciais de segunda ordem com coeficientes constantes, porém, para sistemas de equações. Evidenciamos aqui que, dado um sistema de equações diferenciais, digamos da forma

$$\begin{cases} x'_1 = x_2 \\ x'_2 = -bx_2 - cx_1 \end{cases}$$

é possível escrevê-lo em termos de uma matriz, como sendo x'(t) = Px(t), em que P é uma matriz. Desse modo, todo o estudo sobre autovalores e autovetores da matriz, neste caso P, se torna necessário. De forma mais geral, se tivéssemos de resolver o sistema x' = Ax, com $A \in M_n(\mathbb{R})$, iríamos procurar soluções da forma $x(t) = ve^{rt}$, $v \in \mathbb{R}^n$, $r \in \mathbb{R}$. Isso implica encontrar autovalores e autovetores associados da matriz A. Nesse momento, analisamos três casos para os autovalores, quais sejam: todos os autovalores são reais e distintos entre si, alguns autovalores são conjugados e alguns autovalores são repetidos. Sendo assim, é necessário tomar um tipo de solução para cada caso.

Atividades de autoavaliação

1) Resolva cada item e assinale a alternativa que apresenta a sequência correta:

I. Encontre a solução geral do sistema $x' = \begin{pmatrix} -3 & \sqrt{2} \\ \sqrt{2} & -2 \end{pmatrix} x$.

II. Encontre a solução do sistema $w' = \begin{pmatrix} 0 & 1 & 1 \\ 1 & 0 & 1 \\ 1 & 1 & 0 \end{pmatrix} w$.

a. $x(t) = c_1 \begin{pmatrix} -1 \\ \sqrt{2} \end{pmatrix} e^{-t} + c_2 \begin{pmatrix} -\sqrt{2} \\ 1 \end{pmatrix} e^{-4t}$; $w(t) = c_1 \begin{pmatrix} 1 \\ 1 \\ 1 \end{pmatrix} e^{2t} + c_2 \begin{pmatrix} 1 \\ 0 \\ -1 \end{pmatrix} e^{t} + c_3 \begin{pmatrix} 0 \\ 1 \\ -1 \end{pmatrix} e^{t}$.

b. $x(t) = c_1 \begin{pmatrix} 1 \\ \sqrt{2} \end{pmatrix} e^{-2t} + c_2 \begin{pmatrix} -\sqrt{2} \\ 1 \end{pmatrix} e^{-4t}$; $w(t) = c_1 \begin{pmatrix} 1 \\ 1 \\ 1 \end{pmatrix} e^{2t} + c_2 \begin{pmatrix} 1 \\ 0 \\ -1 \end{pmatrix} e^{-2t} + c_3 \begin{pmatrix} 0 \\ 1 \\ -1 \end{pmatrix} e^{-2t}$.

c. $x(t) = c_1 \begin{pmatrix} 1 \\ \sqrt{2} \end{pmatrix} e^{-2t} + c_2 \begin{pmatrix} -\sqrt{2} \\ 1 \end{pmatrix} e^{-4t}$; $w(t) = c_1 \begin{pmatrix} 1 \\ 1 \\ 1 \end{pmatrix} e^{2t} + c_2 \begin{pmatrix} -1 \\ 0 \\ 1 \end{pmatrix} e^{-t} + c_3 \begin{pmatrix} 0 \\ 1 \\ -1 \end{pmatrix} e^{-t}$.

d. $x(t) = c_1 \begin{pmatrix} 1 \\ \sqrt{2} \end{pmatrix} e^{-t} + c_2 \begin{pmatrix} -\sqrt{2} \\ 1 \end{pmatrix} e^{-4t}$; $w(t) = c_1 \begin{pmatrix} 1 \\ 1 \\ 1 \end{pmatrix} e^{2t} + c_2 \begin{pmatrix} 1 \\ 0 \\ -1 \end{pmatrix} e^{-t} + c_3 \begin{pmatrix} 0 \\ 1 \\ -1 \end{pmatrix} e^{-t}$.

e. $x(t) = c_1 \begin{pmatrix} 1 \\ \sqrt{2} \end{pmatrix} e^{-2t} + c_2 \begin{pmatrix} -\sqrt{2} \\ 1 \end{pmatrix} e^{-4t}$; $w(t) = c_1 \begin{pmatrix} 1 \\ 1 \\ 1 \end{pmatrix} e^{2t} + c_2 \begin{pmatrix} 1 \\ 0 \\ -1 \end{pmatrix} e^{-2t} + c_3 \begin{pmatrix} 0 \\ 1 \\ -1 \end{pmatrix} e^{-3t}$.

2) Considere o seguinte sistema:
$$\frac{d}{dt}\begin{pmatrix} I \\ V \end{pmatrix} = \begin{pmatrix} -\frac{R_1}{L} & -\frac{1}{L} \\ \frac{1}{C} & -\frac{1}{CR_2} \end{pmatrix}\begin{pmatrix} I \\ V \end{pmatrix}$$

Esse sistema trata de circuitos internos, sendo que I é a corrente passando pelo indutor, V é a diferença de tensão no capacitor, R é a resistência, L é a indutância e C a capacitância no circuito. A solução geral desse sistema para $R_1 = 1$ ohm, $R_2 = \frac{3}{5}$ ohm, $L = 2$ henry e $C = \frac{2}{3}$ farad é dada em:

a. $\begin{pmatrix} I \\ V \end{pmatrix} = c_1 \begin{pmatrix} 1 \\ 3 \end{pmatrix} e^{-2t} + c_2 \begin{pmatrix} 1 \\ 1 \end{pmatrix} e^{-t}$.

b. $\begin{pmatrix} I \\ V \end{pmatrix} = c_1 \begin{pmatrix} 1 \\ 3 \end{pmatrix} e^{-3t} + c_2 \begin{pmatrix} 1 \\ 1 \end{pmatrix} e^{-t}$.

c. $\begin{pmatrix} I \\ V \end{pmatrix} = c_1 \begin{pmatrix} 1 \\ 3 \end{pmatrix} e^{-2t} + c_2 \begin{pmatrix} 1 \\ -1 \end{pmatrix} e^{-4t}$.

d. $\begin{pmatrix} I \\ V \end{pmatrix} = c_1 \begin{pmatrix} 1 \\ 3 \end{pmatrix} e^{-2t} + c_2 \begin{pmatrix} 1 \\ -1 \end{pmatrix} e^{-t}$.

e. $\begin{pmatrix} I \\ V \end{pmatrix} = c_1 \begin{pmatrix} 1 \\ 3 \end{pmatrix} e^{-t} + c_2 \begin{pmatrix} 1 \\ -1 \end{pmatrix} e^{-2t}$.

3) Dado o problema:
$$x' = \begin{pmatrix} \alpha & -1 \\ 2 & 3 \end{pmatrix} x, \; \alpha > 2$$

I. Encontre a condição sobre α para que esse problema tenha apenas autovalores reais e distintos.

II. Tome o menor inteiro positivo que obedeça à condição sobre α e resolva esse sistema.

Assinale a alternativa correta a respeito desses itens:

a. $\alpha > 3 + 2\sqrt{2}$, $\alpha = 4$, $x(t) = c_1 \begin{pmatrix} 1 \\ 2 \end{pmatrix} e^{4t} + c_2 \begin{pmatrix} 1 \\ 1 \end{pmatrix} e^{-5t}$.

b. $\alpha > 3 - 2\sqrt{2}$, $\alpha = 6$, $x(t) = c_1 \begin{pmatrix} 1 \\ 2 \end{pmatrix} e^{-4t} + c_2 \begin{pmatrix} 1 \\ 1 \end{pmatrix} e^{5t}$.

c. $\alpha > 3 + 2\sqrt{2}$, $\alpha = 6$, $x(t) = c_1 \begin{pmatrix} 1 \\ 2 \end{pmatrix} e^{4t} + c_2 \begin{pmatrix} 1 \\ 1 \end{pmatrix} e^{5t}$.

d. $\alpha > 3 - 2\sqrt{2}$, $\alpha = 4$, $x(t) = c_1 \begin{pmatrix} 1 \\ 2 \end{pmatrix} e^{4t} + c_2 \begin{pmatrix} 1 \\ 1 \end{pmatrix} e^{-5t}$.

e. $\alpha > -3 + 2\sqrt{2}$, $\alpha = 6$, $x(t) = c_1 \begin{pmatrix} 1 \\ 2 \end{pmatrix} e^{4t} + c_2 \begin{pmatrix} 1 \\ 1 \end{pmatrix} e^{5t}$.

4) Encontre a solução do PVI:
$$x' = \begin{pmatrix} 1 & -5 \\ 1 & -3 \end{pmatrix} x, \quad x(0) = \begin{pmatrix} 1 \\ 1 \end{pmatrix}$$

Assinale a alternativa que contém a solução correta:

a. $x(t) = e^{-t} \begin{pmatrix} \cos t + 3\sin t \\ \cos t - \sin t \end{pmatrix}$.

b. $x(t) = e^{-t} \begin{pmatrix} \cos t - 3\sin t \\ \cos t - \sin t \end{pmatrix}$.

c. $x(t) = e^{-2t} \begin{pmatrix} \cos t - 3\sin t \\ \cos t + \sin t \end{pmatrix}$.

d. $x(t) = e^{-2t} \begin{pmatrix} \cos t - 3\sin t \\ \cos t - \sin t \end{pmatrix}$.

e. $x(t) = e^{-2t} \begin{pmatrix} -\cos t - 3\sin t \\ \cos t - \sin t \end{pmatrix}$.

5) Encontre a solução do PVI dado por:
$$z' = \begin{pmatrix} 1 & 0 & 0 \\ -4 & 1 & 0 \\ 3 & 6 & 2 \end{pmatrix} z, \quad z(0) = \begin{pmatrix} -1 \\ 2 \\ 30 \end{pmatrix}$$

Agora, assinale a alternativa que apresenta a solução correta.

a. $z(t) = \begin{pmatrix} -1 \\ 2 \\ -33 \end{pmatrix} e^{t} + 4 \begin{pmatrix} 0 \\ 1 \\ -6 \end{pmatrix} t e^{t} + 3 \begin{pmatrix} 0 \\ 0 \\ 1 \end{pmatrix} e^{2t}$.

b. $z(t) = \begin{pmatrix} -1 \\ 2 \\ -33 \end{pmatrix} e^{2t} + 4 \begin{pmatrix} 0 \\ 1 \\ -6 \end{pmatrix} t e^{t} + 3 \begin{pmatrix} 0 \\ 0 \\ -1 \end{pmatrix} e^{3t}$.

c. $z(t) = \begin{pmatrix} -1 \\ 2 \\ -33 \end{pmatrix} e^t + 4 \begin{pmatrix} 0 \\ 1 \\ -6 \end{pmatrix} te^t + 3 \begin{pmatrix} 0 \\ 0 \\ 1 \end{pmatrix} e^{-2t}.$

d. $z(t) = \begin{pmatrix} -1 \\ 2 \\ -33 \end{pmatrix} e^{-t} + 4 \begin{pmatrix} 0 \\ 1 \\ -6 \end{pmatrix} te^{-t} + 3 \begin{pmatrix} 0 \\ 0 \\ 1 \end{pmatrix} e^{2t}.$

e. $z(t) = \begin{pmatrix} -1 \\ -2 \\ -33 \end{pmatrix} e^t + 4 \begin{pmatrix} 0 \\ 1 \\ -6 \end{pmatrix} te^{-t} + 3 \begin{pmatrix} 0 \\ 0 \\ 1 \end{pmatrix} e^{-2t}.$

Atividades de aprendizagem

Questão para reflexão

1) Neste capítulo, tratamos do caso de sistema de equações diferenciais homogêneos com coeficientes constantes. Pesquise como é feito o tratamento de sistema de equações diferenciais não homogêneos e, se possível, discuta com seu grupo.

Atividade aplicada: prática

1) Em se tratando de sistemas de equações diferenciais, é possível que seja feita uma compreensão qualitativa do comportamento da solução, envolvendo alguns termos como: *plano de fase*, *retrato de fase* e *campos de direções*. Sobre isso, faça uma pesquisa para relacionar esses pontos. Em seguida, prepare um plano de aula com duração de 50 minutos abordando esses conceitos. Tendo em vista que esse conteúdo é bastante visual, use necessariamente recursos digitais (*softwares*) para executar essa atividade.

Exercícios complementares

1) Responda às seguintes perguntas relativas aos assuntos tratados neste capítulo.
  a. O que significa dizer que dois vetores são LI? e LD?
  b. O que é um *autovalor*? E um *autovetor*?
  c. Dada uma matriz $A \in M_n (\mathbb{R})$, como encontramos os autovalores? E os autovetores?
  d. O que é multiplicidade algébrica e geométrica?
  e. Existem três casos que podem ocorrer com os autovalores de uma matriz $A \in M_n (\mathbb{R})$, quais são eles? Em cada caso, qual o tipo de solução que deve ser tomada em um sistema $x' = Ax$.

2) Resolva os seguintes itens:

a. Dado o sistema $x' = \begin{pmatrix} 1 & 3 \\ 5 & 3 \end{pmatrix} x$, o vetor $x^{(1)} = \begin{pmatrix} 2 \\ -1 \end{pmatrix} e^{-2t}$ é solução?

b. Os vetores $x^{(1)} = \begin{pmatrix} 1 \\ 1 \end{pmatrix} e^{-2t}$ e $x^{(2)} = \begin{pmatrix} 1 \\ -1 \end{pmatrix} e^{-6t}$ formam um conjunto fundamental de soluções?

c. Os vetores $v^{(1)} = \begin{pmatrix} 5 \\ 1 \end{pmatrix}$ e $v^{(2)} = \begin{pmatrix} 3 \\ 5 \end{pmatrix}$ são LI?

3) Considere o PVI:

$u'' - u' + 2u = 0$

a. Transforme esse problema em um sistema de duas equações diferenciais de primeira ordem.

b. Encontre a solução geral do sistema obtido em (a).

4) Uma massa m em uma mola com constante k satifaz a equação

$um'' + ku = 0$

Em que $u(t)$ representa o deslocamento da massa no instante a partir da posição de equilíbrio.

a. Mostre que a equação pode ser reescrita na forma

$$x' = \begin{pmatrix} 0 & 1 \\ -\dfrac{k}{m} & 0 \end{pmatrix} x$$

b. Encontre os autovalores da matriz do item (a).

Considerações finais

Finalizamos esta obra desejando que você tenha aproveitado o máximo deste material, seja na teoria, seja na complementação dela, utilizando as atividades de autoavaliação, reflexão e prática.

Os exercícios propostos nas atividades de autoavaliação são essenciais para fixar o que a teoria propõe. Buscamos fazer uma quantidade pequena em cada capítulo para motivar o leitor a trabalhar com todos. Evitamos muita repetição, entretanto, indicamos as referências clássicas na área, caso você sinta necessidade de mais. Os exercícios de reflexão e prática criam a oportunidade de buscar situações que complementam os assuntos de cada capítulo.

O conteúdo deste livro foi tratado de forma bastante objetiva, não só por se tratar de teoria já bastante discutida, mas também por ser um primeiro curso de equações diferenciais.

Acreditamos, efetivamente, que alcançamos o objetivo de abordar temas importantes – geralmente tratados em cursos de equações diferenciais, cujo foco são métodos de resoluções – de maneira clara e objetiva, sem perder os detalhes principais.

Referências

BOYCE, W. E.; DIPRIMA, R. C. **Equações diferenciais elementares e problemas de valores de contorno**. Tradução de Valéria Magalhães Iório. 9. ed. Rio de Janeiro: LTC, 2010.

BROWN, J. W.; CHURCHILL, R. V. **Variáveis complexas e aplicações**. Tradução de Claus Ivo Doering. 9. ed. Porto Alegre: AMGH, 2015.

BURDEN, R. L.; FAIRES, D. J.; BURDEN, A. M. **Análise numérica**. Tradução de All Tasks. 3. ed. São Paulo: Cengage Learning, 2015.

COELHO, F. U.; LOURENÇO, M. L. **Um curso de álgebra linear**. 2. ed. São Paulo: Edusp, 2005.

DAVIES, B. **Integral Transforms and Their Applications**. 3. ed. New York: Springer, 2002.

DEN HARTOG, J. P. **Vibrações nos sistemas mecânicos**. Tradução de Mauro Ormeu Cardoso Amorelli. São Paulo: E. Blucher, 1972.

FIGUEIREDO, D. G. de; NEVES, A. F. **Equações diferenciais aplicadas**. 3. ed. Rio de Janeiro: Impa, 2008.

GUIDORIZZI, H. L. **Um curso de cálculo**. 5. ed. Rio de Janeiro: LTC, 2001. v. 1-4.

IÓRIO JR., R.; IÓRIO, V. de M. **Equações diferenciais parciais**: uma introdução. Rio de Janeiro: Impa, 2013.

LEITHOLD, L. **O cálculo com geometria analítica**. Tradução de Cyro de Carvalho Patarra. 3. ed. São Paulo: Harbra, 1994. v. 2.

LIMA, E. L. **Análise real**. 12. ed. Rio de Janeiro: Impa, 2013. v. 1.

_____. **Curso de análise**. 11. ed. Rio de Janeiro: Impa, 2014. v. 2.

PENNEY, D. E.; EDWARDS JR., C. H. **Equações diferenciais elementares com problemas de contorno**. 3. ed. Rio de Janeiro: Prentice-Hall, 1995.

SIMMONS, G. F. **Differential Equations with Applications and Historical Notes**. New York: McGraw-Hill, 1972.

SOTOMAYOR, J. **Lições de equações diferenciais ordinárias**. Rio de Janeiro: Impa, 1979.

STEWART, J. **Cálculo**. Tradução de EZ2 Translate. São Paulo: Cengage Learning, 2013. v. 1-2.

ZILL, D. G.; CULLEN, M. R. **Equações diferenciais**. Tradução de Antonio Zumpano. 10. ed. São Paulo: Pearson, 2016.

Bibliografia comentada

BOYCE, W. E.; DIPRIMA, R. C. **Equações diferenciais elementares e problemas de valores de contorno**. Tradução de Valéria de Magalhães Iório. 9. ed. Rio de Janeiro: LTC, 2010.

Esse livro aborda conceitos clássicos, como os tratados aqui. Boa opção para quem busca mais exercícios ou quer aprimorar ainda mais seu conhecimento. Pode também ser interessante para quem busca o conteúdo de vibrações numa linguagem um pouco mais simples e ainda ser usado para o desenvolvimento dos métodos de resolução para equações de ordem mais altas.

BROWN, J. W.; CHURCHILL, R. V. **Variáveis complexas e aplicações**. Tradução de Claus Ivo Doering. 9. ed. Porto Alegre: AMGH, 2015.

Esse livro trata de funções analíticas, assunto que discutimos um pouco nesta obra. Pode ser consultado para se aprender mais sobre o tema.

BURDEN, R. L.; FAIRES, D. J.; BURDEN, A. M. **Análise numérica**. Tradução de All Tasks. 3. ed. São Paulo: Cengage Learning, 2015.

A obra aborda, exclusivamente e com mais profundidade, o tratamento numérico de equações diferenciais (ordinárias e parciais), sistemas lineares e álgebra de matrizes. Para os mais curiosos nesse assunto, é uma boa opção.

COELHO, F. U.; LOURENÇO, M. L. **Um curso de álgebra linear**. 2. ed. São Paulo: Edusp, 2005.

Esse livro pode ser consultado para se obter resultados sobre matrizes, sistemas de equações, espaços vetoriais, entre alguns outros tópicos que tratamos aqui, inclusive, as demonstrações omitidas sobre esses assuntos.

DAVIES, B. **Integral Transforms and Their Applications**. 3. ed. New York: Springer, 2002.

Essa obra apresenta, além da teoria geral de transformada de Laplace, conceitos sobre transformada inversa, como a fórmula explícita, de que não tratamos aqui por precisar de conceitos de análise complexa.

DEN HARTOG, J. P. **Vibrações nos sistemas mecânicos**. Tradução de Mauro Ormeu Cardoso Amorelli. São Paulo: E. Blucher, 1972.

Trata-se de é uma bibliografia específica para o estudo de vibrações. É um livro clássico nessa área, porém para um nível mais intermediário.

FIGUEIREDO, D. G. de; NEVES, A. F. **Equações diferenciais aplicadas**. 3. ed. Rio de Janeiro: Impa, 2008.

Boa opção para os mais curiosos, esse livro pertence à coleção *Matemática Universitária*, que oferece ótimos livros, desde os mais introdutórios até aqueles bem avançados. Ele traz muitos exemplos sobre aplicações das EDOs em modelagem matemática.

IÓRIO JR., R.; IÓRIO, V. de M. **Equações diferenciais parciais**: uma introdução. Rio de Janeiro: Impa, 2013.

Como no início desta obra fizemos comentários sobre esse tipo de equações, indicamos esse livro para quem tem curiosidade a respeito das equações diferenciais parciais.

LIMA, E. L. **Curso de análise**. 11. ed. Rio de Janeiro: Impa, 2014. v. 2.

Basicamente, essa referência é para consulta do resultado que utilizamos para mostrar um teorema de caracterização sobre equações exatas.

PENNEY, D. E.; EDWARDS JR., C. H. **Equações diferenciais elementares com problemas de contorno**. 3. ed. Rio de Janeiro: Prentice-Hall, 1995.

Esse livro apresenta os conteúdos tratados nesta obra e pode servir para buscar mais exercícios.

SIMMONS, G. F. **Differential Equations with Applications and Historical Notes**. New York: McGraw-Hill, 1972.

A obra apresenta a demonstração dos principais teoremas que não foram tratados neste livro. Além de complementar o que foi feito aqui, pode ser usado para se aprofundar no tema com mais detalhes.

SOTOMAYOR, J. **Lições de equações diferenciais ordinárias**. Rio de Janeiro: Impa, 1979.

Esse livro é um clássico na área e aborda conceitos mais gerais sobre equações diferenciais ordinárias, razão por que os tópicos tratados nele geralmente são indicados para cursos de pós-graduação. Apresenta, de forma bem completa, o teorema de existência e unicidade para equações diferenciais (teorema de Picard-Lindelof), visto na seção 2.8.

STEWART, J. **Cálculo**. Tradução de EZ2 Translate. São Paulo: Cengage Learning, 2013. v. 1-2.

O livro trata de conceitos bem iniciais sobre EDOs em seu primeiro capítulo, sendo uma boa opção para aprender mais sobre o que foi tratado nesta obra.

ZILL, D. G.; CULLEN, M. R. **Equações diferenciais**. Tradução de Antonio Zumpano. 10. ed. São Paulo: Pearson, 2016.

Essa obra pode ser consultado para o caso de equações diferenciais não homogêneas, bem como para conhecer algumas das aplicações interessantes de equações diferenciais cujas soluções são encontradas via transformada de Laplace. Ela traz também uma variedade de exercícios sobre o tema.

Respostas

CAPÍTULO 1

Atividades de autoavaliação

1) d

2) a

3) c

4) d

5) b

6) a

Exercícios complementares

1)
   a. Uma equação diferencial (ED) é uma expressão matemática envolvendo uma igualdade, uma função incógnita (variável dependente) e suas derivadas, sendo essa função dependente de uma, duas ou mais variáveis independentes.

   b. Se a equação é da forma $A_n(t, u)u^n(t) + A_{n-1}(t, u)u^{n-1}(t) + \ldots + A_0(t, u)u^0(t) = F(t, u)$, o número n (expoente de maior ordem da derivada) é a **ordem** da EDO.

   c. Considerando os coeficientes $A_n(t, u)$ e a função $F(t, u)$, na equação diferencial $A_n(t, u)u^n(t) + A_{n-1}(t, u)u^{n-1}(t) + \ldots + A_0(t, u)u^0(t) = F(t, u)$, caso dependa somente da variável independente t, isto é, $A_n(t, u) = A_n(t)$ e $F(t, u) = F(t)$, e, além disso, a variável dependente e suas derivadas são de primeiro grau, sem composições com outras funções, estas são ditas EDOs *lineares*, caso contrário, isto é, se deixam de cumprir alguma dessas condições, são ditas *não lineares*.

2) d, b, a, c.

3) Tendo em vista a EDO, a derivada é positiva, logo, a função solução é crescente.

CAPÍTULO 2

Atividades de autoavaliação

1) d

2) b

3) a

4) c

5) b. A EDO que modela essa situação é dada por $\dfrac{dT}{dt} = -k(T - A(t))$, em que k é a constante de proporção, $A(t)$ a temperatura do ambiente e $T(t)$ a temperatura do objeto no instante t.

Exercícios complementares

1)
   a. Se a equação for da forma $\dfrac{dy}{dt} = f(t)$ aplica-se integração direta; se for da forma $\dfrac{dy}{dt} = H(t, y)$, aplica-se variáveis separáveis, ou seja, a diferença é que a função do lado direito da igualdade só depende de t.
   b. Basta fazer $u = \dfrac{y}{x}$.
   c. Basta usar o Teorema 2.1.
   d. Deve-se encontrar o fator integrante que é dado por $P = \dfrac{P_x N - P_y M}{(M_y - N_x)}$.
   e. Da forma $A_1(t)y' + A_0(t)y = F(t)$.
   f. Deve-se resolver $P(t) = e^{\int G(t)dt}$, em que $G(t) = \dfrac{A_0(t)}{A_1(t)}$.

2)
   a. Pode ser resolvida pelo método apresentado na seção 2.3. A solução implícita é dada por $\sqrt{y^2 - x^2} = C|x|e^{|x|}$.
   b. Pode ser vista como uma equação exata e resolvida pelo método que foi desenvolvido. A solução implícita é dada por $x^2 - 2xy - y^2 = C$.
   c. Pode ser vista como uma equação exata e resolvida pelo método que foi desenvolvido. A solução implícita é dada por $\dfrac{x^2}{y^3} - \dfrac{1}{y} = C$.

3) Solução implícita dada por $\dfrac{3}{5}(2x - y) + \dfrac{4}{25}\ln(|130x - 15y - 3|) = \ln|x| + K$.

4) $y = x + (C - x)^{-1}$.

CAPÍTULO 3

Atividades de autoavaliação

1) c

2) b

3) a

4) a

5) d

6) c

Exercícios complementares

1)
   a. O wronskiano é dado por $W[y_1, y_2](t_0) = \begin{vmatrix} y_1(t_0) & y_2(t_0) \\ y'_1(t_0) & y'_2(t_0) \end{vmatrix} = y_1(t_0)y'_2(t_0) - y'_1(t_0)y_2(t_0)$. O principal resultado relacionado a ele é apresentado no Teorema 3.4.

   b. Resolva a equação característica $ar^2 + br + c = 0$ e analise as possíveis soluções para formar a solução da equação diferencial de acordo com os três possíveis casos.

   c. São gerados três tipos diferentes de soluções, de acordo com cada tipo de raiz da equação característica.

   d. Casos: raízes distintas, raízes complexas conjugadas e raízes repetidas.

   e. Pode ocorrer muita dificuldade (devido às integrais) em se encontrar as expressões u_1 e u_2.

   f. Para formar a solução $y(t) = u_1(t) y_1(t) + u_2(t) y_2(t)$, é necessário encontrar as expressões
   $$u_1(t) = -\int \frac{g(t)y_2(t)}{W(y_1, y_2)(t)} dt + c_1 \text{ e } u_2(t) = \int \frac{g(t)y_1(t)}{W(y_1, y_2)(t)} dt + c_2.$$

2)
   a. $y(t) = c_1 e^{2t} + c_2 e^{3t} + \dfrac{e^{5t}}{3}$

   b. $y(t) = c_1 e^{-\frac{5}{4}t} \sin\sqrt{\dfrac{383}{4}}t + c_2 e^{\frac{5}{4}t} \cos\sqrt{\dfrac{383}{4}}t$

   c. $y(t) = c_1 \cos(2t) + c_2 \sin(2t) + \dfrac{1}{2}\int [\sin 2(t-s)]g(s)ds.$

3) $y_c(t) = c_1 e^t + c_2 t e^t + c_3 t^2 e^t.$

CAPÍTULO 4

Atividades de autoavaliação

1) c

2) a

3) a

4) b

5) d

6) c

Exercícios complementares

1)
   a. Basta usar as condições do Teorema 4.1.
   b. Uma função $f(x)$ com a propriedade de expansão em série de potências da forma $f(x) = \sum_{n=0}^{+\infty} a_n (x - x_0)^n$, válida para algum ponto x_0, é dita *analítica* em torno do ponto x_0.
   c. Teremos $\sum_{n=0}^{+\infty} a_{n+4} x^{n+4}$.
   d. Deve-se supor solução da forma $y(x) = \sum_{n=0}^{+\infty} a_n x^n = a_0 + a_1 x + \ldots + a_n x^n + \ldots$, e em seguida substituir essa solução na equação para encontrar os coeficientes da série.
   e. Um ponto x_0 é chamado de *ponto ordinário* da equação diferencial $P(x)y''(x) + Q(x)y' + R(x)y = 0$ se ambos os coeficientes $\dfrac{Q(x)}{P(x)}$ e $\dfrac{R(x)}{P(x)}$ forem analíticos em torno de x_0; caso não for, é chamado de *singular*. Diremos que um ponto $x = x_0$ é um *ponto singular regular* da equação $y'' + P(x)y' + Q(x)y = 0$ se as funções
   $$p(x) = (x - x_0)P(x);$$
   $$q(x) = (x - x_0)^2 Q(x);$$
   forem ambas analíticas em x_0. Além disso, um ponto que não seja singular regular é dito *ponto singular irregular*.

2)
   a. $|x - 3| < 1$
   b. $|x| < 2$

c. $b_n = (k+1)a_{k+1} + 2a_k$, $k = 0,1 \ldots$

d. $y' = 0 + 5x^4 + 40x^9 + \ldots$ e $y'' = 0 + 20x^3 + 360x^8 + \ldots$

3)

a. $x = 0 \to$ singular regular.

b. $x = 0 \to$ singular irregular; $x = 1 \to$ singular regular.

c. $x = 0 \to$ singular regular.

CAPÍTULO 5

Atividades de autoavaliação

1) b

2) a

3) d

4) b

5) c

Exercícios complementares

1)

a. Fazendo $\int_a^{+\infty} f(t)dt = \lim_{L \to +\infty} \int_a^L f(t)dt$ e integrando normalmente em L para, em seguida, aplicar o limite.

b. Exercício livre.

c. Deve satisfazer as condições do Teorema 5.2.

d. Temos que: $\mathcal{L}\{c_1 f_1(t) + c_2 f_2(t)\} = c_1 \mathcal{L}\{f_1(t)\} + c_2 \mathcal{L}\{f_2(t)\}$, $c_1, c_2 \in \mathbb{R}$, e $\mathcal{L}\{f'(t)\} = s\mathcal{L}\{f(t)\} - f(0)$.

e. Basta ver o Teorema 5.6 e o 5.7.

f. Use a dica.

2)

a. A integral diverge.

b. $\mathcal{L}\{\sin(at)\} = \dfrac{a}{s^2 + a^2}$, $s > 0$

c. $\mathcal{L}\{\sinh(at)\} = \dfrac{a}{s^2 - a^2}$, $s > |a|$.

3) $y(t) = \dfrac{\sinh t + \sin t}{2}$

4) Para mostrar esse resultado, faça $g(t) = \int_0^t f(r)dr$. Use o teorema fundamental do cálculo e o teorema que trata da transformada de uma derivada.

CAPÍTULO 6

Atividades de autoavaliação

1) d

2) a

3) c

4) b

5) a

Exercícios complementares

1)

  a. Seja V um espaço vetorial e $x^{(1)}, x^{(2)}, \ldots, x^{(k)}$ vetores em V. Dizemos que esse conjunto é *linearmente independente* (LI) se existem $a_1, a_2, \ldots, a_k \in \mathbb{C}$, tais que se $a_1 x^{(1)} + a_2 x^{(2)} + \ldots + a_k x^{(k)} = 0$, então, $a_1 = a_2 = \ldots = a_k = 0$. Se esses escalares não são todos nulos, dizemos que o conjunto de vetores é *linearmente dependente* (LD).

  b. Para os valores de λ que satisfazem a equação $\det(A - \lambda I) = 0$, é dada o nome de *autovalores da matriz A*. Para o valor de λ encontrado, o autovetor associado a λ é o vetor v que pertence ao núcleo de $A - \lambda I$, ou seja, que satisfaz $(A - \lambda I)v = 0$.

  c. Basta calcular o que foi definido no item (b).

  d. Suponha que existam R raízes repetidas; para isso, dizemos que o autovalor tem *multiplicidade algébrica R*. Cada autovalor tem, pelo menos, um autovetor associado (que cumpre $Av = \lambda v$) e, para um autovalor de multiplicidade algébrica R, existem Q autovetores LI. Esse número Q é dito *multiplicidade geométrica*, sendo $1 \leq Q \leq R$.

  e. Os casos são: todos os autovalores são reais e distintos entre si. Alguns autovalores são conjugados e alguns autovalores são repetidos. As soluções devem ser tomadas de acordo com as seções 6.4.1, 6.4.2 e 6.4.3.

2)

  a. Não

  b. Sim

  c. Sim

3)

a. $x' = Ax$, em que $x = \begin{pmatrix} x_1 \\ x_2 \end{pmatrix}$ e $A = \begin{pmatrix} 0 & 1 \\ -2 & 3 \end{pmatrix}$

b. $x(t) = c_1 \begin{pmatrix} 1 \\ 1 \end{pmatrix} e^t + c_2 \begin{pmatrix} 1 \\ 2 \end{pmatrix} e^{2t}$

4)

a. Faça uma substituição adequada.

b. Os autovalores são $r = \pm\sqrt{\dfrac{k}{m}}\, i$.

Sobre o autor

Rafael Lima Oliveira é, atualmente, doutorando em Matemática pela Universidade Federal do Paraná (UFPR). É também mestre em Matemática pela Universidade Federal de Santa Maria (UFSM) e licenciado em Matemática pela Universidade Federal de Mato Grosso do Sul (UFMS). Atua na linha de pesquisa em equações diferenciais parciais e sua principal área é a estabilização de modelos vibratórios que apresentam algum tipo de mecanismo dissipativo.

Impressão:
Junho/2019